日光温室环境控制技术与实践

杨学坤　著

中国农业大学出版社
·北京·

内 容 简 介

日光温室是我国北方地区独有的设施农业形式，也是现阶段我国设施农业的最主要形态。近年来，我国日光温室产业化进程不断加快，种植面积不断扩大，环境调控技术和装备也得到了越来越广泛的应用。本书以作者在日光温室环境控制领域各项关键技术方面获得的研究成果为核心，突出基础理论在工程实践中的应用，分析了日光温室系统模型和环境控制技术的发展现状，指出了存在的问题和解决路径；提出了面向控制的日光温室小气候环境模型和相应的控制策略；介绍了日光温室自动监控系统的设计和试验方法，并将其应用到设施农业新形态——气雾栽培式家庭植物工厂中，开展了系统设计和试验。

本书适合日光温室及植物工厂环境控制领域相关的科研技术人员、现代农业产业园区的生产管理技术人员、大中专院校学生，以及关心设施农业发展的社会大众参考阅读。

图书在版编目(CIP)数据

日光温室环境控制技术与实践/杨学坤著. --北京：中国农业大学出版社，2022.12

ISBN 978-7-5655-2917-7

Ⅰ.①日… Ⅱ.①杨… Ⅲ.①日光温室－环境控制－研究 Ⅳ.①S625.2

中国国家版本馆 CIP 数据核字(2023)第 014257 号

书　　名 日光温室环境控制技术与实践

作　　者 杨学坤　著

策划编辑 张　玉　　**责任编辑** 陈颖颖

封面设计 郑　川

出版发行 中国农业大学出版社

社　　址 北京市海淀区圆明园西路 2 号　　**邮政编码** 100193

电　　话 发行部 010-62733489，1190　　读者服务部 010-62732336

编辑部 010-62732617，2618　　出　版　部 010-62733440

网　　址 http://www.caupress.cn　　**E-mail** cbsszs @ cau.edu.cn

经　　销 新华书店

印　　刷 北京鑫丰华彩印有限公司

版　　次 2023 年 3 月第 1 版　　2023 年 3 月第 1 次印刷

规　　格 170 mm×240 mm　16 开本　10 印张　160 千字

定　　价 39.00 元

前 言

植物的生长发育与外界环境条件密切相关。环境因子的变化，直接影响着植物生长发育的进程和生长质量。光照度、温度、水分和 CO_2 浓度等影响植物生长发育的生存因子，是植物生长过程中不可缺少又不能替代的。这些因子中不论哪个发生变化，都会对植物的生长发育产生影响。

我国幅员辽阔，各地气候差异很大，同一地区在不同季节、不同天气条件下，光照度、温度、湿度等因子亦不相同，大多数植物的生长适宜温度在 12～33 ℃，以北京地区为例，2009 年，平均气温在 12 ℃以下的天数为 152 天，占到全年的 41.6%，仅由于气温较低不能从事生产的时间就有 5 个多月；而且植物不同生育期对环境因子的要求有所不同，不同植物对环境因子的要求也不同，仅靠自然条件很难满足和调节。

我国人口众多，关系农业生产的各种资源相对偏少。第三次全国国土调查结果显示，截至 2019 年年底，我国人均占有耕地面积为 1.36 亩，不足世界平均水平的 40%；人均占有水资源量不足世界平均水平的 25%，是世界人均水资源最贫乏的国家之一。在我国，如何解决用较少的资源去养活较多的人口这一尖锐矛盾具有战略意义。

温室是利用温室效应原理，采用自动控制技术、信息技术、机械技术、电子技术、接口技术等现代工程技术手段和工业化生产方式，为动植物生产提供可控制的适宜生长环境，充分利用土壤、气候和生物潜能，在有限的土地上获得较高产量、品质和效益的一种高效、集约化的农业设施。温室可以摆脱自然条件和气候条件的制约，延长生产时间，实现农作物的全天候生产。

日光温室作为我国自主研发的设施农业形式，为解决我国北方地区冬季的蔬菜供应、提高农民的收入等均做出了巨大贡献，产生了巨大的经济、社会和生态效益。近年来，日光温室种植面积不断扩大，截至2019年年底，全国日光温室面积超过57万 hm^2。我国各地气候类型多样，差异巨大，仅靠外界气候条件对室内环境小气候的影响很难满足作物生长的需要，因此日光温室环境调控设备也得到了越来越广泛的应用。近年来，随着温室环境控制技术的不断发展，日光温室环境的自动控制技术得到初步应用，但总的来说，控制的水平还比较低。因此，研究面向控制的日光温室系统模型并研制一套符合我国国情、拥有独立知识产权、性价比高的日光温室环境智能监控系统，对于改变我国农业经济增长方式和实现农业的可持续发展具有十分重要的现实意义。

本书注重基础理论在工程实践中的应用，全书分为4章，第一章介绍了日光温室系统模型及日光温室环境控制技术的研究和应用现状，分析了存在的问题和解决办法；第二章按照面向控制的要求研究问题的解决方法和路径，提出面向控制的温室系统模型框架，构建以实现温室优化控制为目标，以减少能耗为目的的控制策略；第三章根据我国北方气候特点和自然环境条件，以日光温室的空气温湿度、土壤湿度、光照度、CO_2 浓度为控制对象，进行系统总体设计、软硬件设计和设备选型，研制了一套可用于日光温室实际生产的温室环境智能监控系统；第四章在前期工作的基础上，将气雾栽培技术与自动控制技术、物联网技术和人工光源技术相结合，设计并开发出一种气雾栽培式家庭植物工厂，同时开展相关试验。

本书的研究成果先后得到北京市教育委员会科技计划面上项目“温室环境智能化控制系统研究与示范”（项目编号：KM201212448005）、北京市农业科技项目“日光温室环境智能监控技术系统集成试验示范”（项目编号：20120110）、北京农业职业学院科技创新项目“面向控制的日光温室小气候模型的建立及其控制策略研究”（项目编号：XY-YF-15-16）、“气雾栽培式家庭植物工厂的设计及其控制策略研究”（项目编号：XY-YF-19-23）等项目的资助。多年来，中国农业大学张宾教授，北京农业职业学院汪金营教授、诸刚教授、蒋晓研究员都曾对项目研究给予了大力支持，研究团队胡瑶玫、徐迪娟、刘继伟、李小杰、黄可京等直接参与了项目的研究工作；北京市昌平区种子管理站试验基地徐全明高级农艺师、钟连全高级农艺师提供了试验基地，并协助和配合完成了试验研究和示范。本书是高水平双师队伍建设“设施农业与装备（智慧农业）专业创新团队”建设成果之一，感谢北京农业职业学院给予的支持和出版资助。中国农业大学出版社编辑张玉给予了关心与支持，在此一并致谢！

因笔者学识水平和阅历有限，虽竭尽全力，书中仍难免会有疏漏和不妥之处，如项目建立的温室小气候模拟和预测模型，模拟精度还不够理想，模型的维度仍需采用合适的方法进行降维处理，以进一步减少计算量，温室环境智能控制器的时效性、可靠性及易操作性等还有待进一步提升。后续随着研究的进一步深入，笔者将对本书的内容进行补充和完善，期待读者批评指正。

杨学坤

2022 年 2 月于北京

目　录

第一章

绪　论

日光温室，又称暖棚或温室大棚，是我国北方地区独有的一种设施农业类型。它仅依靠太阳能来维持室内一定的温度水平，满足作物的生长需要。温室可以摆脱自然条件和气候条件的制约，延长生产时间，实现农作物的全天候生产。目前，日光温室是我国设施农业产业中的最主要的形式，长期以来为解决我国北方地区冬季的蔬菜供应、改变农村经济增长方式、提高农民的收入和生活水平等均做出了历史性贡献，产生巨大的经济、社会和生态效益。近年来，我国日光温室产业化进程不断加快，种植面积不断扩大。与此同时，卷帘机、卷膜机、滴灌设备、CO_2 施肥机等与日光温室相配套的设备也得到了越来越广泛的应用。

植物的生长发育与光照度、温度、水分和 CO_2 浓度等环境因子密切相关，环境因子的变化，直接影响着植物生长发育的进程和生长质量。所以，日光温室生产能力和产品质量与温室环境的气候条件息息相关，有必要对空气温度、湿度、CO_2 浓度等环境因子进行调节。

我国幅员辽阔，气候类型多样，东西南北气候特征差异巨大。例如，东北、华北等地属于温带大陆性季风气候，夏季炎热多雨，强对流天气频发，冬季寒冷干燥；西北属半干旱和干旱气候，昼夜温差大，日照时间长，降雨量少。同一地区在不同季节、不同天气条件下，室外各环境因子也差别较大。而不同植物、同种植物的不同生育期对环境因子的要求亦有所不同。日光温室内的环境因子随室外环境因子的变化而变化，仅靠外界气候条件对室内环境小气候的影响很难满足作物生长的需要。在生产实践中，一般通过加热、通风、CO_2 注入、微喷、滴灌等环境调节技术来使温室环境达到适宜作物生长的状态，实现作物品质和产量的提升。

近年来，随着温室环境控制技术的不断发展，日光温室环境的自动控制技术得到初步应用，但总的来说，控制的水平还是比较低。目前应用于生产的温室环境控制器采用的所谓控制策略是以人工经验管理为基础进行设计的，缺乏科学的技术指标，盲目地补水、施肥、施药，不仅造成了产品品质、产量的下降和经济效益的降低，还会造成环境污染，危害农业的可持续发展。要解决这一问题，需要实现对温室环境的科学控制，而实现的前提和基础，是建立温室环境控制所需要的温室小气候环境模型。

自20世纪60年代开始，国内外学者对温室小气候的建模问题进行深入研究。在已经取得的研究成果中，大多数的温室小气候模型都是面向研究的，这些模型通常面临以下问题：①研究对象多是试验温室而非实际生产温室；②在研究过程中往往只追求所谓"最优"(即为得到作物高产而获得的温室环境参数)而忽视外部环境、控制设备的实际调控能力和调控过程中所需要的能源代价；③参数过多、计算时间过长。以上问题限制了温室小气候模型在温室环境控制中的应用。

因此，研究温室小气候模型的现状和存在的问题，在借鉴现有研究成果的基础上，根据温室生产实践对模型的具体要求，建立一种面向控制的温室小气候模型，并以实现温室环境的优化控制为目标对温室小气候模型的控制策略进行研究，对于温室环境控制领域具有重要的理论研究意义，对于实现温室环境的优化调控、降低能源消耗、获得高产优质的生产作物进而取得较高的经济效益具有重要的实际应用价值。

第一节　日光温室系统模型的发展

所谓温室环境控制，即通过操作各种设备对温室小气候进行调控，使之符合作物生长需要，达到增产、优质的目的。温室环境控制的目标是在考虑温室设备调控能力的前提下，找到作物产量与能量和 CO_2 消耗的平衡点。

实现日光温室环境控制的首要问题是建立温室环境控制所需要的温室系统精确模型。建立面向控制需求的温室系统精确模型，是实现温室生产过程最优控制的前提和基础。

一、日光温室系统模型定义

徐立鸿等(2013)认为，温室环境的最优控制的目标应该是在考虑温室调控设备调控能力和调控过程中所需要能量的前提下，找到作物产量与能量和 CO_2 消耗的平衡点。要实现温室环境的“最优”控制，需要建立正确的温室小气候模型、作物生长与产量模型、能量消耗模型及 CO_2 消耗模型。

完整的温室系统模型应该包括温室小气候模型、作物生长与产量模型、能量消耗模型及 CO_2 消耗模型，其基本结构及作用关系如图 1.1 所示。CO_2 消耗模型、能量消耗模型(卷帘机、卷膜机等温室调控设备)、作物生长模型对温室小气候模型产生作用，温室小气候模型对作物生长模型产生作用进而影响作物产量模型(经济效益)。

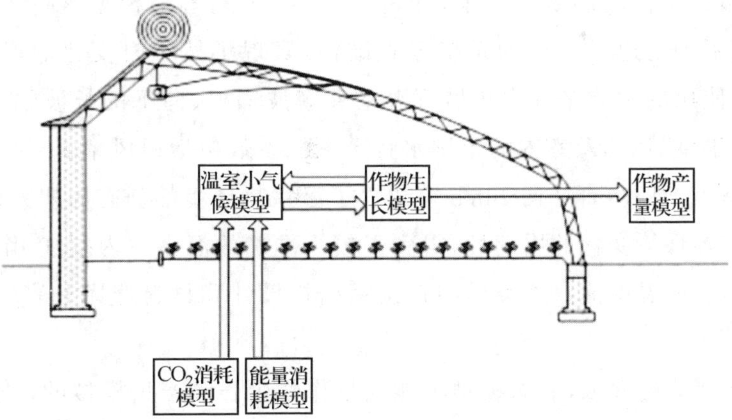

图 1.1 温室系统模型基本结构及作用关系

二、温室小气候模型的研究现状

为了实现对温室的科学管理和温室结构的优化设计，从 20 世纪 60 年代起，国内外学者开始对温室小气候模型进行研究。经过约半个世纪的发展，先后建立了多种类型的温室小气候模型以满足不同需求，主要形式有静态模型、动态模型。按照建模的方法还可以分为机理模型和辨识模型两类。

研究初期，温室小气候模型主要用于温室的结构设计和温室材料的选择，因此建立的模型以静态模型为主。1963 年，荷兰学者 Businger 基于热平衡稳定状态法建立起世界上第一个温室小气候模型，他将温室分为覆盖物、室内空气、作物和土壤 4 层，并使能流公式化，初步建立各层稳态能量平衡方程，根据温室环境因子的分布情况来确定温室内的空气温度，这是温室建模研究的一个里程碑，其研究方法成为后来建模的核心思想。同时，他引入了对温室小气候进行预测的概念。此后，许多学者对基于能量平衡方程的温室小气候模型进行了深入研究。1965 年 Walker 建立了通风温室内温度的预测模型，该模型比较简单，模拟参数也较为单一。1971 年 Iwakiri 对白天温室内部气温分布规律及热传输进行了研究。1971 年 Seginer 和 Levav 在能量平衡的基础上，建立了每一个温室构件的热平衡方程，通过代数方程组进行求解。当时，人们对温室小气候的认识不太清楚，大多认为温室内部的空气温度是室外大气温度、覆盖材料外表面上的净辐射、室内地表面净辐射、土壤热通量及土壤表面的蒸发率等边界条件的函数。后来，1977 年 Takami 对静态模型进行了丰富和发展，提出了确定边界条件的系统竖直结构，实现了按小时变化的温室数学模型求解，使用的边界条件也扩展到温室外短波辐射、向下的长波辐射、室外气温、空气湿度、风速及室内的土壤水势。系统参数包括通风率、传热特性、植物水分状态等。1979 年 Froehlich 等建立了温室热环境的静态周期分析模型，揭示了温室热环境变化的周期性，得到了较为准确的温室室内空气、作物冠层温度及土壤表面温度值。这类模型在温室结构设计和材料选择上的应用研究仍在进行。

随着研究的深入，静态模型不能满足作物生长和产量模拟的需求，人们开始尝试建立温室小气候的动态模型。1980 年 Kindelan 在对土壤的热特性和室内种植的作物对温室小环境的影响研究的基础上，建立了温室热环境的动态模型，并且对不同天气条件下温室热环境的变化特点进行了分析。1981 年 Pitam Chandra 等也建立了类似的模型。1982 年 Avissar 对温室小气候数值模型进行了验证。Bot(1983)建立了一个机理比较充分的温室小气候动态模型，包含光透射、热量和物质交换及控制函数 3 个主要的子模型。为了解决热交换过于复杂的问题，他又提出了温室小气候的黑箱模型，研究发现温室是一个高阶系统。这些研究成果对于后来的温室小气候模型的研究产生了深远的影响。

随着人们对温室内环境因子的变化与作物生长和产量关系认识的不断深入，锅炉加热、通风、热泵、微喷、补光等温室小气候调节设备成为温室建设中的必备设备。各种调节设备的动作对温室小气候的影响逐渐被纳入温室小气候的建模当中。1984 年 Arinze 建立了一个包括加热和通风的温室小气候动态模型，动态微分方程中包含了室内空气温度、空气湿度、冠层温度、覆盖层温度等多个环境因子，尽管精度很高，但由于模型阶数太高，很难用于温室小气候的实际控制。后来，De Jong、Henten、De Zwart、Heesen 等学者对这个模型进行了丰富和发展。针对模型阶数过高、控制器难以设计的问题，2000 年 Tap 提出了一个五阶非线性温室小气候简化模型，并配合一个简化的作物生长与产量模型用于温室生产的优化与控制，但模拟精度较低。2007 年 Van Ooteghem 对现有的模型进行整合和简化，得到了一个全面的、科学的、最优控制的温室-作物动态模型，该模型描述了具备一个外部输入功能和控制输入的温室内温度，温室内 CO_2 的平衡和水汽收支平衡，包含了热量回收设备、热交换器、热泵、锅炉等温室小气候调控设备。

早期的温室小气候模型主要针对室内空气温度和湿度这两个影响作物生长的环境因子来建立。随着研究的深入，CO_2 浓度和光照强度对作物生长和产量的重要影响逐渐被人们认知。Henten(1994)建立了一个包含室内温度、湿度和 CO_2浓度的温室环境动态模型，描述了光合作用、呼吸作用和蒸腾作用等作物对环境变化的反馈，同时描述了作物生长所依赖的 3 个主要环境状态，同时含有通风、加热和 CO_2注入等控制量。2000 年 Albright 等建立了温室内部的光照强度模型，研究发现温室内的光照强度在一定范围内与作物干物质的累积量呈正比。

以上模型多以机理模型为主，模型中的参数都有明确的物理意义，可以真实展现温室小气候变化的机理过程，方便人们对温室小气候变化过程的理解。但这类模型往往参数过多，而且有一些参数难以确定，模型的结构也过于庞大，给控制器的设计造成很大困难。一些学者将温室视为一个输入输出系统，用系统辨识的方法来建立温室小气候模型。1997 年 Boaventura 以 UTAD 大学的温室为研究对象建立了 ARX 模型，描述了温室内的实时空气温度模型，使用递归识别技术实现了对实时控制模型参数的估计。Ferreira、Suyantohadi、邹秋滢等基于神经网络的系统辨识方法建立了温室小气候模型，并用所建立的模型对不同季节温室内的温度、湿度、光照等小气候环境进行预测，预测值与实测值之间有较高的拟合度。Paulo Salgado、于海业、曾庆良、王君等采用模糊建模的方法建立温室小气候环境模型。Herrero、Guzmán-Cruz 等则通过进化算法进行寻优从而获得温室小气候模型。系统辨识方法建立的模型，结构简单、分析方便，比较适合温室环境的控制，但建立的模型往往依赖于特定的温室结构、气候条件等，普适性较差。

在日光温室小气候环境模型的研究方面，国内的学者进行了大量的研究。郭慧卿等(1994)应用非稳态传热理论的反应系数法建立了日光温室热平衡数学模型，编制了温度环境动态模拟计算程序 TEMP，以理论和实验两种方法验证了数学模型的准确性，可对日光温室内气温、各内表面温度进行模拟和预测，对日光温室的几何特征、围护结构的构造进行优化。李元哲等(1994)运用热力学、传热学和建筑采光的基本理论，建立了日光温室微气候数学模型，用于模拟分析日光温室室内环境参数的动态过程和分布规律，以及不同太阳辐射、不同围护结构和不同保温覆盖对其参数的影响，并运用传热学的基本理论，建立了日光温室地下热交换系统土壤温度场的数学模型，用于分析地下热交换系统热特性和土壤温度场的分布状况，通过对比观测实验，研究和分析了日光温室采用地下热交换系统，冬季生产喜温蔬菜的可行性和实用性。陈青云等(1996)运用传热学和生物环境工程学的理论，建立了日光温室热环境的动态数学模型，并研究了不同地区不同结构的日光温室热环境的变化规律，用于温室结构的优化及环境调控技术的改善。郦伟等(1997)考察了日光温室各部件的湿热平衡，建立、求解并验证数学模型，认为室内气温主要受室外太阳辐射的影响，而室外气温只具有次要的作用；温室后墙对保证温室热环境具有重要作用，在夜间的作用尤为明显。这一时期模型的建立主要用于温室结构的优化与温室性能的改善。

2014 年邹秋滢等提出一种基于 Takagi-Sugeno 模糊模型的自适应神经模糊推理系统(ANFIS)对温室小气候环境因子进行辨识，建立温室小气候环境因子预测模型，对温室内的温度、湿度、光照等小气候环境因子进行预测。2017 年刘鑫以中东地区和苏南地区的温室为研究对象，采用自动编码器（auto-encoder，AE）和改进的粒子群算法（improved particle swarm optimization，IPSO）优化BP神经网络的参数，构建了基于改进的BP神经网络温室小气候实时滚动预测模型和中长期预测模型。2018年张晓月应用辽宁省沈阳市东陵区日光温室暖棚内农田小气候观测仪采集的逐小时气温、相对湿度数据，将冬季、春季、秋季和晴天、多云、阴天几种情况进行组合，计算棚内日最高气温、日最低气温、日平均相对湿度，分析其变化规律，并利用自动气象观测站数据，建立基于逐步回归方法的预报模型。2020年李楠基于日光温室内气温、空气相对湿度及太阳辐射三要素适宜度定量评价模型，改进了太阳辐射适宜度模型，同时引入10 cm地温因子并构建10 cm地温要素适宜度模型，利用等权重方法构建四要素综合小气候适宜度定量评价模型。2021年韦玉翡等利用番茄连续3个月生长发育的内外部环境数据、改进的热量传递理论及质能平衡方程建立并验证温室内温度和湿度的动态预测模型。

三、作物生长模型的研究现状

20世纪60年代起，随着对作物生理生态机理认识的不断加深和计算机技术的迅猛发展，作物生长模型的研究得到了飞速发展。作物生长模拟模型（crop growth simulation model）是指能定量地和动态地描述作物生长、发育和产量形成的过程及其对环境反应的计算机模拟程序，是采用系统分析的方法，综合作物生理、生态、农业气象、土壤和农学等学科的知识和研究成果，对作物生育和产量形成的试验结果加以理论概括与数据量化，建立作物生育动态及其环境间关系的动态数学模型，应用计算机数值计算与模拟技术，实现描述和表达作物生产系统的运行状态和结果。作物生长模型在作物种植的科学化管理及在控制策略的制定中起到重要作用。作物生长模型多基于大田作物而建立，主要用于作物的估产。

作物的生长发育不仅与遗传生理、生态环境有关，还受农业气象、土壤肥料及耕作栽培技术等因子的影响和制约，生产周期长、不确定性明显、可重复性差、难以定量化等。作物生长模型的开发过程很复杂，主要考虑作物的生长和发育、植物与虫害之间的互作、土壤氮平衡、土壤有机质、温室气体的排放等。

Korner认为作物的产量不取决于最高和最低温度，而是取决于平均温度，因此在温室控制中可以采用更加动态灵活的边界，从而进一步提升温室的节能潜力，并且进一步进行了试验验证。杨秋珍等(2000)研究了引进自控温室的荷兰黄瓜的叶片、茎蔓生长规律及与温室气候环境的关系。研究表明，与黄瓜茎蔓、叶片生长进程关系最密切的因子为12～25℃有效积温。齐维强等(2004)研究了番茄在日光温室内随着生理发育时间的延续，番茄器官形态建成、干物质积累与分配、产量形成变化动态。贺超兴等(2005)研究并分析了日光温室春季栽培条件下，番茄不同果穗的果实横径、纵径、鲜重、干重等的增长变化与环境有效积温之间的关系，初步确立了日光温室内番茄果实的生长指标、生长发育的变化规律。谢祝捷等(2007)观测并分析了温室内有效积温，营养液栽培黄瓜全生育期内的株高、节数、叶片数、植株总干物质重量，以及叶、茎、根、果实等不同器官的干物质重量等主要生长发育性状，试验表明，全生育期内黄瓜主要生育特性如株高、节数、干物质积累与有效积温间的相关性均达到极显著。

四、能量消耗和CO_2消耗模型的研究现状

温室控制的目的，是在作物生产期内达到低投入、高产出的平衡状态，不能一味地追求低投入，也不能一味地追求高产出。因此，在实际生产中建立的模型必须考虑温室各设备的调控能力和在调控过程所消耗的能量代价及资源代价。能量消耗模型和CO_2消耗模型反映了温室的成本投入，是经济效益模型中不可或缺的组成部分。

目前的能量消耗模型主要有静态模型、动态模型及动静态混合模型3种。1981年Chiapale开发的静态模型精度较低，因为他将能量的消耗大约等于能量损失来计算，且没有考虑太阳能对温室的作用。Challa、Van Henten、De Zwart利用温室小气候动态模型对温室的基础能耗进行预测，这类模型具有较高的精度，但需要有连续的气象数据作为输入，并且需要的计算时间较长。Bailey、Hurd和Sheard、Breuer和Short在静态模型的基础上，加入太阳辐射的能量。1991年Marsh开发了一种算法，选择一个经济最适温度轨迹用于温室水培生菜的生产，最适温度的选择基于历史气象数据，作物的状态更新是基于选定的实际温度和当天的天气数据。1992年Seginer使用两种动态优化方

法确定一个温室莴苣作物的温度选点:一个是基于 Pontryagin 的最大原则(PMP);另一个是时序控制搜索(SCS)。干重和叶面积(two-state-variable)模型用来描述作物。试验表明,PMP 和 SCS 具有相同的控制轨迹。多年的历史数据用于训练神经网络,可以产生控制决策,适合给定的状态和环境条件。这个模型没有考虑到温室构件、作物、土壤等的蓄热能力,温室的能量输入不可能等于能量输出,而且没有考虑到温室结构和类型的多样性,其精度并不高,1991年 Jolliet 改进的 HORTICERN 模型解决了这些问题,为温室能耗预测提供了可供借鉴的方案。2006 年 Lopez 根据实验数据采用二阶多项式回归拟合的方法获得了一个温室能量消耗模型,其 1 天的拟合度为 0.89,100 天的拟合度为 0.95,1 年的拟合度为 0.99,但这个模型的致命弱点在于设置的温度不能被事先确定。戴剑锋等(2006)根据能量平衡原理,综合考虑作物蒸腾对温室运行能耗的影响,建立了温室加温所需基础能耗预测模型。汪小旵等(2006)在分析温室小气候模拟模型的基础上,建立了南方现代化温室的基础能耗预测模型,并对温室能耗进行了计算,通过对预测模型的敏感性分析,指出了叶面积指数、覆盖材料透光率、覆盖层和内外空气的对流换热系数及温室的平均高度对温室温湿度的影响,可以预测夏季温室内的热量蓄积和冬季温室内的基础能耗。

CO_2 是植物光合作用的原料。从 20 世纪 60 年代起就有研究人员在温室、人工气候箱等封闭或半封闭的环境条件下进行了 CO_2 增施对促进植物生长的研究,CO_2 施肥可以大幅度地提高作物产量,提高作物的耐盐碱能力。在正常条件下,CO_2 的倍增可使植物增产 1/3。1963 年 Businger 建立的最早的温室稳态模型中对 CO_2 进行了简单的描述。美国 Florida 大学建立的 POLY-2 模型中的输入参数包括室外干球温度、湿度比、太阳辐射照度和 CO_2 浓度,根据质能平衡,列出温室各部分的微分方程或偏微分方程,通过欧拉积分法,对室内空气温度、土壤温度、覆盖材料内外表面温度、空气湿度和浓度进行预测。

董仁涛(2005)在充分研究国内外文献的基础上,综合考虑室内作物、土壤、温湿度和光照条件、通风、作物管理等因素后,对于植物的光合作用采用基于交换的模型,最终建立了温室 CO_2 浓度模型。模型基本反映了温室内 CO_3 浓度的实际情况,模拟计算和实际测试还表明,温室内的有机基质是室内 CO_2 的重要来源,温室内外空气交换量对温室内 CO_2 浓度影响也很大。2006 年韩效钊等系统分析了温室内 CO_2 浓度变化的影响因素，建立了温室内 CO_2 平衡数学模型和 CO_2 施肥技术模型，并以温室番茄生产为例，计算了温室内 CO_2 理想施肥的相关参数，为 CO_2 施肥技术的开发和 CO_2 气肥的合理施用提供了理论依据。毕玉革等(2010)根据质量平衡原理，构建了适用于北方干旱、寒冷地区的典型日光温室 CO_2 动态预测模型，描述了作物光合和呼吸作用、土壤呼吸作用、CO_2 施肥、自然通风及闭膜后的冷风渗透对室内空气中 CO_2 的动态影响过程。模型能较好地预测北方干旱、寒冷地区冬季晴天、多云天气的日光温室内空气 CO_2 浓度的动态变化过程，预测值和实测值之间的相对误差小于10%。

第二节　日光温室环境控制技术的发展

配备环境智能监控系统的温室，可以准确地采集温室内大气温湿度、土壤温湿度、光照度、溶液浓度、CO_2 浓度、风向、风速及作物生长状况等参数，将温室内温、光、水、肥、气等诸多因素综合，根据不同作物及其在不同生长阶段对环境因子的不同要求，通过执行机构协调到最佳状态，为植物生产提供可控制的适宜生长环境，可以充分利用土壤、气候和生物潜能，在有限的土地上获得较高的产量、品质和效益。温室可以摆脱自然条件和气候条件的制约，延长生产时间，实现农作物的全天候生产，节能最高可达50%，并有节水、节肥、节药的效果。智能温室的大量推广，对于目前我国建设资源节约型社会具有特殊意义。研究温室环境控制的现状及发展趋势，对未来温室环境调控的发展具有重要的指导意义。

一、我国温室环境控制技术的研究现状

20世纪70年代末80年代初，通过技术的引进和消化吸收，我国的温室产业开始了工业化进程，至20世纪80年代末，已初步形成了温室工程技术体系。进入20世纪90年代，我国加大了对农业科技的投入，温室产业进入一个高速发展期，温室逐步向规模化、集约化和科学化方向发展，技术水平有了大幅度提

高。进入21世纪之后，随着国家相关科研项目的启动，在学习借鉴、吸收消化国外先进技术成果的基础上，我国的温室技术，尤其是温室环境自动监控技术有了较快发展，种植面积和控制水平不断提高。

我国的温室自动控制技术研究开始于20世纪80年代。20世纪90年代初期，中国农业科学院农业气象研究所和蔬菜花卉研究所研制开发了基于Windows操作系统的温室控制与管理系统。20世纪90年代中后期，江苏理工大学毛罕平教授等研制开发了可以对营养液系统、温度、光照等环境因子进行控制的温室软硬件控制系统，成为当时温室计算机控制系统国产化较为典型的研究成果。20世纪90年代末，闫忠文等研制的蔬菜大棚温湿度测量系统可以对温室内的温湿度进行实时检测与控制；中科院合肥智能机械研究所研制了"农业专家系统开发环境——DET系列软件"和智能温室自动控制系统；中国农业大学研制成功"WJG-1"型分布式温室环境监控计算机管理系统，在国内处于领先水平；河南省农业科学院自动化控制中心研制出"GCS-I型智能化温室自动控制系统"。

2001年，"十五"攻关项目"温室环境智能控制关键技术与开发"启动，中国农业大学研发的"基于RS-485总线的温室控制系统"在北京市顺义农业技术示范区进行了为期两年的运行和测试，达到预期效果；江苏大学研制了多种型号温室自动控制系统，可以适应我国不同地区对环境控制的不同要求；深圳市数据通信局CDPD(蜂窝数字分组数据)环境监控示范系统在温室自动控制领域也有很好的应用效果；北京市农业机械研究所研发的节能日光温室可以适应不同领域、不同地域对温室的需求，并且研制出了与之配套的现代化温室环境智能控制系统。2015年苗凤娟等以ARM微控制器为核心，利用DHT11温湿度传感器来接收采集温室环境信息。同时，根据需求通过矩阵键盘设定温湿度额度值，由液晶1602实时监测当前环境变化，数据处理模块对信息进行比较分析，判定是否需进行升降温，加湿或干燥的控制，使温室能够处在一个适宜农作物生长的恒定温湿度状态。2018年张冰等提出一种基于物联网的集散控制系统，采用单片机多机通信技术搭建，实现对温室群的集中管理与差异化控制；同时借助通用分组无线服务(GPRS)技术、服务器技术搭建物联网监控系统，实现对温室环境数据的集中显示与远程控制，借助个人计算机端或手机端浏览器即可进行远程管理。2021年韦玉翡等建立模糊专家控制系统，根据番茄各生育期温度、湿度、太阳辐射度的最优参数值，将其与预测值（微控制器采集到的环境数据代入温室小气候预测模型所得）进行对比，获得最优值同预测值的偏差及其变化率和变化率的变化率，再利用模糊控制器（模糊化、模糊推理、反模糊化）来确定控制量。试验表明，该模糊专家控制系统能根据番茄各生育期的环境因子最优值，对控制设施进行调节，促使温室环境更趋于作物最佳生长环境。2021年李扬等针对北方日光温室普遍配备的电动卷帘设计了基于LoRa与模糊控制的温室环境调控系统，采用STM32作为微控制器，配置限位开关确保卷帘运行安全，通过LoRa和4G-LTE实现与服务器的通信和交互，采集温度、湿度、光照度等环境数据，运用模糊控制算法对风口开合宽度进行自动调节，使用卷帘覆盖风口方式实现对温室环境的调节。农户可以使用现场旋钮或远程App/Web控制设备的运转，也可以通过设置规则达到批量自动控制设备的效果，实现对日光温室卷帘的自动控制。

二、发达国家的温室环境控制技术

国外的现代温室是于20世纪60年代开始建立并迅速发展起来的。20世纪70年代以来，西方发达国家在温室产业上的投入和补贴较多，温室发展十分迅速。荷兰、以色列、美国、日本等都是温室技术比较发达的国家，其温室硬件技术、智能控制技术、种苗技术、栽培技术、农产品深加工技术及农业自动化技术等都具有较高的技术水平，形成了完整的设施农业栽培技术体系，居世界领先地位。

温室环境控制系统的发展大体经历了“手动控制—机械控制—分散电动控制—集中电子控制—计算机集成控制”这几个发展阶段。传统的控制方式，很难模拟出植物生长所需要的环境，也难以对相互作用的环境因子进行及时的调节。进入20世纪80年代，计算机技术迅速发展并且价格大幅度下降，使得计算机控制系统成为温室环境控制系统的主流。

美国是发明计算机最早的国家，也是将计算机应用于温室控制和管理最早、最多的国家之一，温室综合环境控制技术水平非常高。系统根据作物生长需求和温室外环境状况（包括大气温度、太阳辐射强度、风向、风速、相对湿度等）对温室内环境状况（包括气温、水温、土壤温度、管道温度、保温幕状况、通窗状况、泵工作状况、CO_2 浓度等)进行监控与调节,提高了决策水平,减轻了技术管理的难度和工作量,为种植带来了很大方便,同时也给种植者带来了可观的经济效益。

荷兰是世界上温室环境智能控制系统最为先进的国家,集成化的工业技术在设施农业中被广泛应用。目前,荷兰有超过85%的温室拥有环境智能控制系统。系统通过人机交互界面进行参数设置和必要的信息显示,可绘制出历史数据曲线、实时测量的数据曲线,可以进行设定的时间段内的数据查询,集信息显示、参数设置、控制等功能于一体,能够很好地完成温室内环境因子的控制和管理。

以色列的温室设备材料、滴灌技术、种植技术及养殖品种的开发和培育均属世界一流,尤其在设施灌溉技术方面处于世界领先地位,其高效、节水灌溉系统可把设施土壤的盐渍化程度控制在很低水平。

日本是世界上温室面积最大的国家,其温室智能控制系统可以将温度、湿度、CO_2 浓度和肥料等环境因子控制在最适合植物生长发育的水平上,所开发的设施栽培计算机控制系统可以比较全面地对设施内栽培的植物所需的环境进行多因素监测与控制。日本还是世界上温室果树栽培面积最大、技术最先进的国家,也是世界上最先采用工业成套设备从事鱼类养殖的国家之一。

近年来,国外信息技术、遥感技术、航空航天技术在农业领域的不断应用,推动温室自动控制技术朝着标准化、智能化、网络化、系统化的方向迅猛发展。农业设施工厂化已成为世界各国农业的重要标志,温室环境自动监控系统已经普遍应用。

第三节　日光温室环境控制技术存在的问题及解决方法

一、存在的主要问题

经过几十年的努力,日光温室系统模型实现了从无到有、从简单到复杂的发展过程。随着研究的不断深入，模型建立的目的也发生了不断的演化，所建立模型的功能和性能差异较大。总的来说，按照满足温室环境控制要求而建立的模型非常少，通常面临以下问题。

（一）以生产型日光温室作为研究对象的模型鲜见

在已经取得的研究成果中，大多数模型是运用热力学、传热学等原理建立起的日光温室环境模型，研究对象多是试验温室而非实际生产温室。这些模型多数没有实际作物的生产，没有充分考虑到作物生产对于温室环境因子的影响。由于试验数据没有覆盖作物的生产周期，也没有考虑到温室覆盖材料的磨损老化对模型造成的影响，这些模型在实际温室中的模拟精度较低且不稳定。

（二）以面向控制作为构建目的的模型缺乏

在现有模型的研究过程中，一方面，为了保证模型的精确性，往往引入多个状态变量和参数，建立多个状态方程，用以描述环境和作物生长状态。这样使模型过于复杂，对于现有的控制器来说，计算量过于庞大，计算时间过长，实时性无法保证，无法实际应用于温室生产。另一方面，为了克服模型的这一缺陷，有的模型试图对模型进行简化，这类模型的精度往往没有包含一些对温室系统模型影响较大的因子，不能反映出温室环境的动态变化，精度较差，也无法用于实际生产；有的模型在研究过程中往往只追求所谓“最优”（即为得到作物高产而获得的温室环境参数）而忽视外部环境、控制设备的实际调控能力和调控过程中所需要的能源代价。

（三）温室系统模型各子模型之间的耦合不够

日光温室系统模型应该包括小气候模型、作物生长模型、作物产量模型、能耗模型、CO_2 消耗模型。目前的研究成果多是分别研究的，鲜有完整的系统模型出现。一方面，一些模型的机理尚未完全明确，精度也不高；另一方面，模型数量的增加，会引入更多变量、参数和方程，增加了控制器的设计难度。但系统模型的完整性是必须保证的，否则，建立的模型难以用于实际生产。

（四）温室环境控制系统价格偏高，操作不便

日光温室的生产以农户家庭种植为主，生产作物附加值低，种植利润不高，

普通农户购买力低。市场上高质量的温室环境控制和管理设备成本过高，环境控制系统没有纳入农机补贴范畴，农户不愿投入过高的生产管理成本去实现环境控制。另外，农户平均年龄偏大、文化水平偏低，对于温室智能控制系统的复杂操作难以适应。

二、解决问题的方法

长期以来，研究人员在日光温室系统模型和日光温室环境控制系统研究领域进行了大量卓越的工作，建立了许多可靠的模型和温室环境控制系统，为温室环境自动化控制的进一步研究奠定了良好的基础。对于以上问题可采取以下方式予以解决。

（一）遴选和研究可靠的模型

经过几十年来的积累，有多个温室环境模型和作物生长模型的作用机理基本明确，有一些已经得到验证，需要从这些模型当中，选择适合研究试验条件的可靠模型，并根据实测数据对模型中的参数进行修正；对于没有探明作用机理的模型，则需要进一步进行研究，建立输入输出关系明确的模型。

（二）选择合适的方法对模型进行简化和重构

由于温室环境和生产的复杂性，几乎所有的模型都很庞大，参数众多，状态微分方程个数多，这都加大了控制器的设计难度，同时，计算量大使控制的实时性得不到保障，因此，选择合适的方法对模型进行简化和重构势在必行。减少参数和状态方程的数量，寻找精度与复杂程度的平衡点，使建立的模型能够真正用于温室生产的实际控制。

（三）基于生产型温室积累覆盖作物生长全周期的数据，用以检验模型的精度和可靠性

目前积累的实验数据多是基于研究型温室取得的，日光温室标准不统一，形式繁多，数据没有普适性且不完整。因此，我们需要基于典型的生产型日光温室采集覆盖作物生长全周期的数据，用以验证模型的可靠性和精度。

（四）开发智能化程度高、操作简便直观、管理方式多样、系统可靠廉价的温室环境控制系统

温室系统变量多、惯性大、非线性、干扰强，需要在多因子环境控制数学模型的建立、高性能控制器的研发等方面做大量艰苦的工作。专家系统具有综合农业知识和高速处理水平，对于生产状况有强大的决策建议能力，并具有自诊断功能，是现阶段温室自动控制技术发展的主要趋势之一；互联网技术和移动无线通信技术得到了极大发展和普及，通过互联网和手机进行信息采集和决策已成为主要手段。此外，视频监控技术能够对作物生长状况、设备运转状况等进行直观观察，也将是系统的必要功能。

第二章

面向控制的日光温室小气候环境模型及其控制策略研究

第一节　作物生理模型的建立

为了实现日光温室的最优控制，作物生长与产量预测模型必不可少。第一章列举的许多文献中给出了作物生长过程中各部分的模型。面向控制的模型，需要减轻控制器的在线计算负荷以保证实时性，因此模型的微分方程应足够小，但是也应该保证其具有足够的精确性。

本章对现有的模型进行整合和简化，从而得到面向控制的日光温室-作物生理模型。本章亦采用积温法来描述长期温度对作物生长的影响。

本章认为作物的生长发育过程与作物的光合作用、暗呼吸和蒸腾的速率密切相关。蒸散过程的描述基于 H_2O 扩散阻力，这些阻力与 CO_2 扩散阻力密切相关，对光合速率是很重要的。从光合速率和暗呼吸可以得到作物的总生物量（假设光合作用和呼吸作用直接影响生物量）。

一、蒸腾作用模型的建立

蒸腾作用（transpiration）是指水分从活的植物体表面（主要是叶子）以水蒸气状态散失到大气中的过程。蒸腾作用不仅受外界环境条件的影响，而且还受植物本身的调节和控制,它是一种复杂的生理过程。蒸腾作用为大气提供大量的水蒸气,使当地的空气保持湿润,气温降低,让当地的雨水充沛,形成良性循环。对于植物本身来说,蒸腾作用是植物对水分的吸收和运输的一个主要动力,尤其是对高大的植物,假如没有蒸腾作用,由蒸腾拉力引起的吸水过程便不能产生,植株较高部分也无法获得水分。要溶于水中才能被植物吸收和在体内运转的矿物质(无机盐),也会随水分的吸收和流动而被吸入和分布到植物体各部分中去。所以,蒸腾作用对这两类物质在植物体内运输都是有帮助的。另外,蒸腾作用能够降低叶片的温度。太阳光照射到叶片上时,大部分能量转变为热能,如果叶子没有降温的本领,叶温过高,叶片会被灼伤。而在蒸腾过程中,水变为水蒸气时需要吸收热能,因此,蒸腾能够降低叶片表面的温度,使叶子在强光下进行光合作用而不致受害。

研究表明,蒸腾是关于气孔阻力和叶片边界层的函数。Stanghellini(1987)模型用于描述蒸腾过程,认为蒸腾速率取决于光照强度、CO_2 浓度、温度和湿度。

作物蒸腾作用引起的从作物冠层到室内空气的质量流量 $\Phi_{m\_c\_a\_H_2O}$ 为

$$\Phi_{m\_c\_a\_H_2O}=\max[A_c \cdot k_{c\_a\_H_2O} \cdot (C_{c\_H_2Os}-C_{a\_H_2O}),0] \tag{2.1}$$

式中:A_c 为冠层的面积;$k_{c\_a\_H_2O}$ 为从作物的水蒸气到室内空气的传质系数;$C_{c\_H_2Os}$ 为在作物温度下的水蒸气饱和浓度;$C_{a\_H_2O}$ 为在室内空气温度下的水蒸气浓度。如果 $C_{c\_H_2Os} \leqslant C_{a\_H_2Os}$,则 $\Phi_{m\_c\_a\_H_2O}=0$(无蒸散)。

Bot(1983)研究表明,从作物的水蒸气到室内空气的传质系数 $k_{c\_a\_H_2O}$,可以由下面的公式计算得到

$$k_{c\_a\_H_2O}=\frac{1}{R_{b\_H_2O}+\dfrac{R_{cut}R_{s\_H_2O}}{R_{cut}+R_{s\_H_2O}}} \tag{2.2}$$

式中:R_{cut} 为叶表皮阻力,$R_{cut}=2\ 000\ \mathrm{s \cdot m^{-1}}$;$R_{s\_H_2O}$ 为对水扩散的气孔阻力;$R_{b\_H_2O}$ 为对水扩散的边界层阻力。

对水扩散的气孔阻力 $R_{s\_H_2O}$,表示为

$$R_{s\_H_2O}=R_{min} \cdot f_I \cdot f_{Tc} \cdot f_{CO_2} \cdot f_{H_2O} \tag{2.3}$$

其中,光照依赖辐射系数 f_{I} 为

$$f_{\mathrm{I}}=\frac{\dfrac{I_{\mathrm{c\_s}}}{2\mathrm{LAI}}+4.3}{\dfrac{I_{\mathrm{c\_s}}}{2\mathrm{LAI}}+0.54} \tag{2.4}$$

温度依赖辐射系数 $f_{T_{\mathrm{c}}}$ 为

$$f_{T_{\mathrm{c}}}=\begin{cases}1+0.5\times10^{-2}\cdot(T_{\mathrm{c}}-T_0-33.6)^2, & I_{\mathrm{c\_s}}\leqslant3\\1+2.26\times10^{-2}\cdot(T_{\mathrm{c}}-\mathrm{T}_0-24.5)^2, & I_{\mathrm{c\_s}}>3\end{cases} \tag{2.5}$$

$\mathrm{CO_2}$ 依赖辐射系数 $f_{\mathrm{CO_2}}$ 为

$$f_{\mathrm{CO_2}}=\begin{cases}1, & I_{\mathrm{c\_s}}\leqslant3\\1+6.08\times10^{-7}\times(\mathrm{CO_{2a}}-200), & I_{\mathrm{c\_s}}>3\\1.49, & \mathrm{CO_{2a}}>1\ 100\end{cases} \tag{2.6}$$

湿度依赖辐射系数 $f_{\mathrm{H_2O}}$ 为

$$f_{\mathrm{H_2O}}=\frac{4}{\sqrt[4]{1+255\mathrm{e}^{-0.542\,7\Delta p_{\mathrm{c\_H_2Om}}}}} \tag{2.7}$$

式中:$R_{\min}$ 为最小的内部作物抗性,$R_{\min}=82.003\ \mathrm{s\cdot m^{-1}}$(Jarvis 模型);$I_{\mathrm{c\_s}}$ 为冠层吸收叶片短波辐射热量,$I_{\mathrm{c\_s}}=\eta_{\mathrm{c\_Is}}\cdot I_{\mathrm{o}}$,模型中假定叶面积指数 LAI=3;$T_{\mathrm{c}}$ 为冠层温度,$T_0=273.15\ \mathrm{K}$;$\mathrm{CO_{2a}}$ 表示温室内 $\mathrm{CO_2}$ 浓度。$\Delta p_{\mathrm{c\_H_2Om}}$ 为作物与空气间的饱和水汽压差,$\Delta p_{\mathrm{c_H_2Om}}=0.01(p_{\mathrm{c_H_2Os}}-p_{\mathrm{a_H_2O}})$其中,$p_{\mathrm{c\_H_2Os}}$ 为作物温度下的饱和蒸气压力,$p_{\mathrm{a\_H_2O}}$ 为空气温度下的蒸气压力,$p_{\mathrm{a\_H_2O}}=0.01p_{\mathrm{a\_H_2Os}}\mathrm{RH_a}$。

根据 Magnus-Tetens 公式,作物温度 T_{c} 下的饱和蒸气压 $p_{\mathrm{c\_H_2Os}}$ 计算为

$$p_{\mathrm{c\_H_2Os}}-c_{\mathrm{s1}}\cdot \mathrm{e}^{\frac{c_{\mathrm{s2}}\cdot(T_{\mathrm{c}}-T_0)}{c_{\mathrm{s3}}+(T_{\mathrm{c}}-T_0)}} \tag{2.8}$$

式中:$T_0=273.15\ \mathrm{K}$;c_{s1}、c_{s2} 和 c_{s3} 为饱和压力系数。

饱和压力系数的值取决于对象 x 的温度 T_x,这决定了水蒸气的相位条件:

$$\forall T_x \geqslant T_0, \begin{cases} c_{s1} = 610.780 \\ c_{s2} = 17.08085 \\ c_{s3} = 234.175 \end{cases}$$
$$\forall T_x < T_0, \begin{cases} c_{s1} = 610.714 \\ c_{s2} = 22.44294 \\ c_{s3} = 272.440 \end{cases} \tag{2.9}$$

作物温度 T_c 下的水蒸气的饱和浓度 $C_{c\_H_2Os}$ 可以根据理想气体的规律由作物温度 T_c 下的饱和蒸气压 $p_{c\_H_2Os}$ 计算得出

$$C_{c\_H_2Os} = \frac{p_{c\_H_2Os} M_{H_2O}}{R_g T_c} \tag{2.10}$$

式中：水的摩尔质量 $M_{H_2O} = 18 \times 10^{-3}$ kg·mol^{-1}，气体常数 $R_g = 8.314$ J·mol^{-1}·K^{-1}。

温度 T_a 下的水蒸气压力 $p_{a\_H_2O}$ 由式(2.11)计算：

$$p_{a\_H_2O} = p_{a\_H_2Os} \cdot \frac{C_{a\_H_2O}}{C_{a\_H_2Os}} \tag{2.11}$$

式中：$C_{a\_H_2Os}$ 为温度 T_c 下的水蒸气的饱和浓度；$C_{a\_H_2O}$ 为水蒸气的浓度。

2007 年 Van Ooteghem 研究发现，光照依赖辐射系数 f_I 只影响在低光照强度下的阻力。温度依赖辐射系数 f_{T_c} 是最低点出现在 24.5 ℃。湿度依赖系数 f_{H_2O} 是一个最大值为 4 的常数。随着 CO_2 浓度增加，CO_2 辐射依赖系数 f_{CO_2} 会增加到 1.5。

1990 年 Monteith 与 Unsworth 研究表明，对水扩散的边界层阻力 $R_{b\_H_2O}$ 可表示为

$$R_{b\_H_2O} = \mathrm{Le}^{\frac{2}{3}} \cdot R_{b\_heat} \tag{2.12}$$

式中：R_{b_heat} 为对流换热的边界层阻力；Le 为空气中水蒸气的刘易斯常数，Le=0.89。

对流换热的边界层阻力 R_{b_heat} 表示为

$$R_{b\_heat} = \frac{1174\sqrt{l_f}}{(l_f \cdot |T_c - T_a| + 207 v_a^2)^{\frac{1}{4}}} \tag{2.13}$$

式中：叶片宽度 $l_f=0.035$ m；温室内的风速 $v_a=0.09$ m·s^{-1}；$|T_c-T_a|$表示作物和温室空气之间的温度差。

二、光合作用与呼吸作用模型的建立

光合作用(photosynthesis)，即光能合成作用，是指含有叶绿体的绿色植物和某些细菌，在可见光的照射下，经过光反应和碳反应，利用光合色素，将 CO_2(或 H_2S)和 H_2O 转化为有机物，并释放出 O_2(或 H_2)的生化过程。冠层从环境中提取 CO_2。光强度、CO_2 浓度和温度是光合速率的主要影响因素。光合速率随辐射强度和 CO_2 浓度的增加而增加。此外，光合速率随着温度的升高而增大到最大值，然后随温度的增加而下降。

很多学者建立了不同的模型用于模拟作物光合作用。常见的有 Farquhar 一般模型、Farquhar 大叶子模型、Goudriaan 模型等。这些模型以不同的方式描述光合作用过程，一般可分为两种：一种是描述单个叶片的光合速率的叶片光合作用模型，如 Farquhar 一般模型，它详细描述了叶片光合作用的生化过程；另一种是描述冠层整体光合速率的作物光合作用模型，如 Farquhar 大叶子模型和 Goudriaan 模型。Farquhar 大叶子模型假定作物可以被解释为一个大叶子，从而将生化过程的描述简化，将作物层光截获简化为一个大叶子的光截获率。Goudriaan 模型详细描述了在作物的高度层光截获，在作物深度层采用了高斯积分进行整合。这个模型已被正常的温度和湿度条件下的番茄作物成功验证。

通过对模型进行比较可以发现，光合速率可以解释为气孔和边界层阻力对 CO_2 和 H_2O 扩散的限制。以上 3 个模型使用的对 CO_2 扩散的阻力是固定的。通过 Korner 和 Van Ooteghem 等的研究发现，使用恒定阻力的模拟结果并不理想。本章基于 Farquhar 一般模型和 Goudriaan 模型，在 Van Ooteghem (2007)研究成果的基础上建立了一种新的模型，将作物光合作用速率精确地描述为一个由光照强度、CO_2 浓度和温度组成的函数。

新的光合作用模型将冠层的 CO_2 同化率描述为一个关于室外太阳短波辐射 I_o、CO_2 浓度 CO_{2a}，作物温度 T_c 和相对湿度 RH_a 的函数。新模型通用中的参数和它们的值在表 2.1 中给出。

表 2.1 光合作用模型中的主要参数

符号	值	单位	含义
		常数	
R_g	8.314	$J \cdot mol^{-1} \cdot K^{-1}$	气体常数
ρ_{CO_2}	1.98	$kg \cdot m^{-3}$	CO_2 密度
M_{CO_2}	44×10^{-3}	$kg \cdot mol^{-1}$	CO_2 摩尔质量
T_0	273.15	K	0 ℃
T_{25}	$T_0 + 25$	K	25 ℃
ζ	4.59	$\mu mol \cdot J^{-1}$	光子转换因子
ρ_{Chl}	0.45	$g \cdot m^{-2}$	叶子表面的叶绿素密度
		25℃时的常数	
p_{O2i}	210	mbar	内部气孔局部压力
K_{C25}	310	μbar	米氏羧化常数 CO_2
K_{O25}	155	μbar	米氏羧化常数 O_2
K_C	2.5	s^{-1}	羧化频率
E_t	87.0	$\mu mol \cdot g^{-1}$	酶切位点的总浓度
V_{Cmax25}	$\rho_{Chl} \cdot K_C \cdot E_t$	$\mu mol \cdot m^{-2} \cdot s^{-1}$	最大羧化速率
r_{D25_uL}	1.1	$\mu mol \cdot m^{-2} \cdot s^{-1}$	暗呼吸速率
J_{max25}	467	$\mu mol \cdot m^{-2} \cdot s^{-1}$	电子传输最大速率
		辐射参数	
slo	0.5	—	比叶取向
δ	0.15	—	散射系数
$k_{dif\ BL}$	0.8	—	漫消光和暗叶系数
k_{dif}	$k_{dif\ BL} \cdot (1-\delta)^{0.5}$	—	漫消光系数
$k_{dir\ BL}$	$slo/\sin\beta_{sun}$	—	直射和暗叶系数
k_{dir}	$k_{dir\ BL} \cdot (1-\delta)^{0.5}$	—	直射系数
τ_{dif}	$e^{-k_{dif} \cdot LAI}$	—	漫透射率
$\tau_{dir\ BL}$	$e^{-k_{dir\ BL} \cdot LAI}$	—	直射和暗叶透射率
τ_{dir}	$e^{-k_{dir} \cdot LAI}$	—	直射透射率
β_{dif}	$\frac{1-\sqrt{1-\delta}}{1+\sqrt{1-\delta}}$	—	冠层漫反射系数
β_{dir}	$\frac{2}{1+\frac{k_{dif\ BL}}{k_{dir\ BL}}} \cdot \beta_{dif}$	—	冠层直射系数

续表 2.1

符号	值	单位	含义
		辐射参数	
I_{P_o}	$f_{par} \cdot I_o$	$W \cdot m^{-2}$	温室外辐射强度
$I_{P\_dif\_o}$	$f_{dif\ par} \cdot I_{P\_o}$	$W \cdot m^{-2}$	温室外漫反射强度
$I_{P\_dir\_o}$	$I_{P\_o} - I_{P\_dif\_o}$	$W \cdot m^{-2}$	温室外直射强度
I_{P_dif}	$\tau_{dif\ F} \cdot I_{P\_dif\_o}$	$W \cdot m^{-2}$	温室内漫反射强度
I_{P_dir}	$\tau_{dir\ F} \cdot I_{P\_dir\_o}$	$W \cdot m^{-2}$	温室内直射强度
I_P	$f_{par} \cdot \tau_{dif\ F} \cdot I_o$	$W \cdot m^{-2}$	温室辐射强度
		Arrheius 函数中的温度参数	
E_C	59 356	$J \cdot mol^{-1}$	活化能羧化 CO_2
E_O	35 948	$J \cdot mol^{-1}$	活化能羧化 O_2
E_M	39 017	$J \cdot mol^{-1}$	米氏常数
E_{VC}	58 520	$J \cdot mol^{-1}$	最大反应速度
E_D	66 405	$J \cdot mol^{-1}$	
E_J	37 000	$J \cdot mol^{-1}$	
		Q10 函数中的温度参数	
Q_{10KM}	1.7	—	
Q_{10VC}	2.2	—	
Q_{10rD}	2.5	—	

(一) 总同化和暗呼吸

冠层的总同化率 P_g 等于叶片总同化率 P_{g_L} 与叶面积指数 LAI 之积,即

$$P_g = P_{g\_L} \cdot \mathrm{LAI} \tag{2.14}$$

冠层的暗呼吸速率 r_D 表示为

$$r_D = M_{CO_2} \cdot r_{D\_uL} \cdot \mathrm{LAI} \tag{2.15}$$

式中:r_{D_uL} 表示叶片的暗呼吸速率。

一般情况下,叶片总同化率 P_{g_L} 由负指数的光响应曲线测定:

$$P_{g\_L} = P_{gmax} \cdot \left(1 - e^{-\frac{\varepsilon \cdot I_A}{P_{gmax}}}\right) \tag{2.16}$$

式中:P_{gmax} 为最大总同化率;ε 为通过光呼吸的光利用效率;I_A 为吸收辐射。

吸收辐射 I_A 取决于叶子在冠层中的位置。它是由叶子位于冠层中的深度及冠层中的阳光照射或阴影确定。因此,同化率需要通过一个关于作物深度的三点高斯集成计算得到。在树冠的三层的平均吸收率决定了冠层同化率。累加计数器 $l_1 \in \{1, 2, 3\}$ 用于在冠层深度整合,累加计数器 $l_2 \in \{1, 2, 3\}$ 用于对冠层深度 I_{A_ppd} 的校正。

冠层的相对深度值 X_g 和对于三点高斯集成所需的重量因子 W_g 表示为

$$X_g = \{0.5-\sqrt{0.15} \quad 0.5 \quad 0.5+\sqrt{0.15}\} \tag{2.17}$$

$$W_g = \left\{\frac{1}{3.6} \quad \frac{1.6}{3.6} \quad \frac{1}{3.6}\right\} \tag{2.18}$$

其中,l_1 层的叶面积指数 LAI_l 是一个关于冠层深度的函数,用于确定透射率 τ_{dif} 和 τ_{dir}。

$$LAI_l(l_1) = LAI \cdot X_g(l_1) \tag{2.19}$$

叶片总同化率 P_{g_L} 由阳光照射部分和阴影部分的叶面分数 f_{SLA} 的同化率计算得到

$$P_{g\_L} = \sum_{l_1}^{3} W_g(l_1) \cdot [f_{SLA} \cdot P_{g\_SUN}(l_1) + (1-f_{SLA}) \cdot P_{g\_SHD}(l_1)] \tag{2.20}$$

式中:阳光照射的叶面积分数 $f_{SLA} = \tau_{dir\ BL}(l_1)$。

l_1 层的阳光照射部分的总吸收率 P_{g_SUN} 和阴影部分的总吸收率 P_{g_SHD} 表示为

$$P_{g\_SUN}(l_1) = P_{gmax} \cdot \sum_{l_2}^{3} W_g(l_2) \cdot \left(1 - e^{-\frac{\varepsilon \cdot I_{A\_SUN}(l_1, l_2)}{P_{gmax}}}\right) \tag{2.21}$$

$$P_{g\_SHD}(l_1) = P_{gmax} \cdot \left(1 - e^{-\frac{\varepsilon \cdot I_{A\_SHD}(l_1)}{P_{gmax}}}\right) \tag{2.22}$$

冠层上阳光照射部分的辐射吸收 I_{A_SUN} 和阴影部分的辐射吸收 I_{A_SHD} 定义为一个不同的吸收辐射条件函数,可以表示为

$$I_{A\_SUN}(l_1, l_2) = I_{A\_SHD}(l_1) + I_{A\_ppd}(l_1) \cdot X_g(l_2) \tag{2.23}$$

$$I_{A\_SHD}(l_1) = I_{A\_dif}(l_1) + I_{A\_tdir}(l_1) - I_{A\_dir}(l_1) \tag{2.24}$$

其中,漫反射流量 I_{A_dif},总直射流量 I_{A_tdir},直射流量 I_{A_dir} 和垂直于叶片的直射流量 I_{A_ppd},由下式给出:

$$I_{A\_dif}(l_1)=(1-\beta_{dif})\cdot I_{P\_dif}\cdot k_{dif}\cdot\tau_{dif}(l_1) \tag{2.25}$$

$$I_{A\_tdir}(l_1)=(1-\beta_{dir})\cdot I_{P\_dir}\cdot k_{dir}\cdot\tau_{dir}(l_1) \tag{2.26}$$

$$I_{A\_dir}(l_1)=(1-\delta)\cdot I_{P\_dir}\cdot k_{dir\,BL}\cdot\tau_{dir\,BL}(l_1) \tag{2.27}$$

$$I_{A\_ppd}(l_1)=\frac{(1-\delta)}{\sin\beta_{sun}}\cdot I_{P\_dir} \tag{2.28}$$

其中,叶片阳光照射需要公式 2.21 的求和。所吸收的辐射照射部分 I_{A_SUN} 给出所有直接入射的叶片上的平均值。

(二) 光合作用参数

光呼吸作用的光利用效率 ε 和最大总同化率 P_{gmax} 取决于光合作用参数。光合作用参数取决于室内的二氧化碳浓度 CO_{2a} 和冠层温度 T_c。

光呼吸作用的光利用效率 ε 表示为

$$\varepsilon=\psi\cdot\frac{M_{CO_2}}{4}\cdot\frac{\max(CO_{2a},\Gamma)-\Gamma}{\max(CO_{2a},\Gamma)+2\Gamma} \tag{2.29}$$

式中:每个 CO_2 固定的电子数(e^-)为 4;CO_{2a} 为室内的二氧化碳浓度;Γ 为 CO_2 的浓度补偿;M_{CO_2} 为 CO_2 的摩尔质量;ψ 为从{J}到{μmol[e^-]}的转换因子。

从{J}到{μmol[e^-]}的转换因子 ψ 表示为

$$\psi=\frac{1-F_p}{2}\cdot\zeta \tag{2.30}$$

其中,非光合组织中吸收的分数 PAR(光合有效辐射强度)的 $F_p=0.3$,每个光子吸收的电子数目是 2,转换因子 $\zeta=4.59\ \mu$mol。

没有暗呼吸的 CO_2 补偿集中 Γ 表示为

$$\Gamma=\frac{K_C}{2K_O}\cdot p_{O_2i}\cdot f_{OC} \tag{2.31}$$

其中,内部气孔 O_2 分压 $p_{O_2i}=210$ mbar,$V_{O\,max}$(最大氧化速率)和 V_{Cmax}(最大羧化速率)的比值 $f_{OC}=0.21$(假定为常数)。Rubisco 羧化的米氏常数 K_C 和 Rubisco 氧化的米氏常数 K_O 表示为

$$K_C = K_{C25} \cdot e^{E_C \cdot \frac{T_c - T_{25}}{T_c \cdot R_g \cdot T_{25}}} \tag{2.32}$$

$$K_O = K_{O25} \cdot e^{E_O \cdot \frac{T_c - T_{25}}{T_c \cdot R_g \cdot T_{25}}} \tag{2.33}$$

式中：T_c 表示冠层温度。

最大总同化率 P_{gmax} 通过最大净同化率和叶片暗呼吸速率确定。

$$P_{gmax} = P_{nmax} + M_{CO_2} \cdot r_{D\_uL} \tag{2.34}$$

其中，叶片暗呼吸速率 r_{D_uL} 表示为

$$r_{D\_uL} = r_{D25\_uL} \cdot e^{E_D \cdot \frac{T_c - T_{25}}{T_c \cdot R_g \cdot T_{25}}} \tag{2.35}$$

最大的（光饱和）净同化率 P_{nmax} 是一个由 CO_2、最大内光合能力 P_{mm} 和弯曲度因子 Θ 限制的最大净同化速率的函数。

$$P_{nmax} = \frac{P_{mm} + P_{nc} - \sqrt{(P_{mm} + P_{nc})^2 - 4\Theta \cdot P_{mm} \cdot P_{nc}}}{2\Theta} \tag{2.36}$$

其中，$\Theta = 0.7$。最大内光合能力 P_{mm} 表示为

$$P_{mm} = \frac{M_{CO_2}}{4} \cdot J_{max} \tag{2.37}$$

其中，最大电子传递速率 J_{max} 表示为

$$J_{max} = J_{max25} \cdot e^{E_J \cdot \frac{T_c - T_{25}}{T_c \cdot R_g \cdot T_{25}}} \cdot \frac{1 + e^{\frac{S \cdot T_{25} - H}{R_g \cdot T_{25}}}}{1 + e^{\frac{S \cdot T_c - H}{R_g \cdot T_c}}} \cdot J_{max} \tag{2.38}$$

式中：常数 $S = 710\ J \cdot mol^{-1} \cdot K^{-1}$，$H = 220\ 000\ J \cdot mol^{-1}$。

CO_2 限定的净光合速率 P_{nc} 表示为

$$P_{nc} = \frac{\rho_{CO_2 T}}{R_{tot\_CO_2}} \cdot [\max(CO_{2a}, \Gamma) - \Gamma] \tag{2.39}$$

式中：Γ 为 CO_2 浓度补偿；CO_{2a} 为室内的 CO_2 浓度；$R_{tot\_CO_2}$ 为 CO_2 的扩散阻力；$\rho_{CO_2 T}$ 为 CO_2 在温度 T_c 时的密度。

CO_2 在温度 T_c 时的密度 $\rho_{CO_2 T}$ 由理想气体定律确定：

$$\rho_{CO_2 T} = \rho_{CO_2} \frac{T_0}{T_c} \tag{2.40}$$

式中：ρ_{CO_2} 为 CO_2 在温度 T_0 时的密度。

CO_2 的扩散阻力 $R_{tot\_CO_2}$ 由气孔、边界层和羧化的阻力确定：

$$R_{tot\_CO_2}=R_{s\_CO_2}+R_{b\_CO_2}+R_{c\_CO_2} \tag{2.41}$$

其中，CO_2 的气孔和边界层的扩散阻力 $R_{s\_CO_2}$ 和 $R_{b\_CO_2}$，根据 H_2O 的气孔和边界层的扩散阻力 $R_{s\_H_2O}$ 和 $R_{b\_H_2O}$ 计算得到，CO_2 的扩散系数较低，因为 CO_2 的阻力比水蒸气阻力大。

$$R_{s\_CO_2}=1.6R_{s\_H_2O} \tag{2.42}$$

$$R_{b\_CO_2}=1.37R_{b\_H_2O} \tag{2.43}$$

CO_2 的羧化扩散阻力 $R_{c\_CO_2}$ 表示为

$$R_{c\_CO_2}=\frac{K_M}{V_{C\_max}}\cdot\frac{\rho_{CO_2T}}{M_{CO_2}} \tag{2.44}$$

式中：K_M 为有效羧化米氏常数；V_{C_max} 为最大羧化速率。

$$K_M=K_C\cdot\left(1+\frac{p_{O_{2i}}}{K_O}\right) \tag{2.45}$$

$$V_{C\_max}=V_{C\_max25}\cdot e^{E_{V_C}\cdot\frac{T_c-T_{25}}{T_c\cdot R_g\cdot T_{25}}} \tag{2.46}$$

三、积温模型的建立

一年内日平均气温不低于 10 ℃持续期间日平均气温的总和，即活动温度总和，简称积温，是研究温度与生物有机体发育速度之间关系的一种指标，从强度和作用时间两个方面表示温度对生物有机体生长发育的影响。1735 年，法国的德列奥米尔首次发现：植物完成其生命周期，要求一定的积温，即植物从播种到成熟，要求一定量的日平均温度的累积。1837 年，法国的 J. B. 布森戈用发育时期的天数乘期间日平均温度的方法计算了各类作物从播种到成熟所需要的“热总量”。20 世纪 50 年代苏联在农业气象服务中广泛使用该方法，其后该方法在中国农业气象工作中也广为应用。

积温被用于对作物发育的长期温度效应进行描述，目前尚没有简单的作物生长精确模型。目前的作物生长模型多是建立在较大的时间范围内（多达 10 天的周期）、过于详细（不同的作物发育阶段），针对的作物往往都是特定的，而且作物的生长是在露天中，不是在温室中。许多研究已经用积温的方法描述作物的发展（Korner 和 Challa，2003；Van den Bosch，1998；Gijzen et al. ，1998；Elings et al. ，2005）。

一般认为，影响作物生长的是平均温度而不是具体的白天和夜晚的温度分布（Sigrimiset al. ，2000）。光合作用几乎是一个瞬间的过程，而同化物的处理是一个较慢的动态过程。我们可以假定，作物是碳水化合物“存储池”（Seginer et al. ，1994）。该存储池的容量取决于特定作物和它每个不同的发展阶段。

本章建立的积温模型是以 6 天作为工作周期的。其中 5 天（$t_p\{s\}$）是作为原始数据，1 天（$t_f\{s\}$）用来对预测数据进行校正。

积温是根据室内空气温度 T_a 来测定的，如图 2.1 所示。过去 5 天（$t_p\{s\}$）的室内空气平均温度（虚线）的采样间隔 t_s 为 1 800 s。温度 $T_{aref}=T_0+19$ K（虚线）是积温的参考温度。

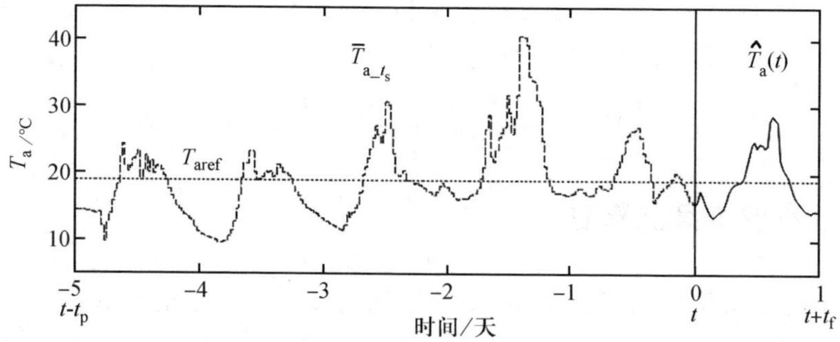

图 2.1　积温的测定

关于时间 t 的积温曲线 S_T，描述为

$$S_T(t,\tau)=\frac{1}{n_{secs}}\cdot\int_0^{\tau}[\hat{T}_a(t,v)-T_{aref}]dv+S_{T_0}(t),\quad 0\leqslant\tau\leqslant t_f \quad (2.47)$$

式中：$t_f=ln_{secs}$ s（1 天）[由于积温的单位是{K · day}，因此时间的单位需要从{s}换算到{day}，系数为一天中的秒数 $n_{secs}=86\ 400$ s]；t 为当前时间；$\hat{T}_a(t,\tau)$ 为时间点 v 的预测空气温度。

由原始数据时间 $t_p\{s\}$ 计算的关于时间 t 的积温初始值 $S_{T_0}(t)$ 描述为

$$S_{T_0}(t)=\frac{1}{n_{\text{secs}}}\cdot\int_{t-t_p}^{t}[T_a(v)-T_{\text{aref}}]\mathrm{d}v \qquad (2.48)$$

式中：$t_p=5n_{\text{secs}}$ s(5 天)；T_a {K}为室内空气温度。

这个积分是用求和的方法求得的近似数值，其中室内空气的平均温度 $\overline{T}_{a\_t_s}$ 的采集时间间隔 t_s 为 1 800 s。

$$S_{T_0}(t)=\frac{1}{n_{\text{secs}}}\cdot\sum_{k_v=\frac{t-t_p}{t_s}}^{\frac{t}{t_s}}[\overline{T}_{a\_t_s}(k_v)-T_{\text{aref}}]\cdot t_s \qquad (2.49)$$

其中，k_v 为离散的时间步长。图 2.2 中给出的例证中，积温的初始值 $S_{T_0}(t)=-0.194$ K day。积温的初始值 $S_{T_0}(t)$在每个时间间隔 t_s 重新计算。

关于时间 t 的预测的平均温度偏差曲线 $\Delta T_{a_TI}(t,\tau)$描述为

$$\Delta T_{a\_TI}(t,\tau)=\frac{S_T(t,\tau)}{t_p+\tau}\cdot n_{\text{secs}}, \quad 0\leqslant\tau\leqslant t_f \qquad (2.50)$$

这说明数据温度 T_a 和预测温度 $\hat{T}_a$ 之间的平均偏差，参考温度 T_{aref}（图 2.2）。

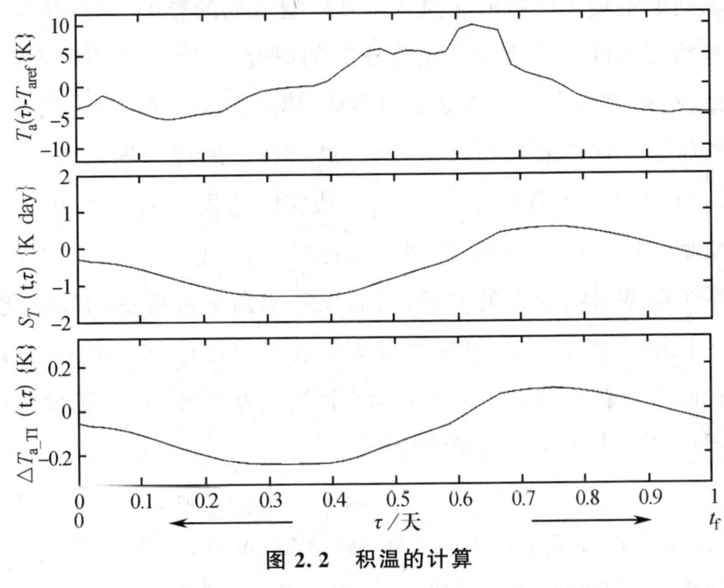

图 2.2 积温的计算

积温的目标是将平均温度偏差 ΔT_{a_TI} 保持在±6 K 之间，控制结束后平均温度偏差 $\Delta T_{a_T_{TI}}(t_f)$的控制目标趋近于 0：

$$-6 \leqslant \Delta T_{a\_TI}(t,\tau) \leqslant 6, \quad 0 \leqslant \tau \leqslant t_f$$
$$\Delta T_{a\_TI}(t_f) = 0 \tag{2.51}$$

这些目标将作为滚动优化控制的目标在后文中使用。图 2.9 中的例证中平均温度偏差 ΔT_{a_TI} 为 $-0.25 \sim 0.09$ K，在一天的控制结束后，$\Delta T_{a\_TI}(t_f) = -0.06$ K。

第二节　日光温室环境模型的建立

控制系统的控制精度与温室环境模型的质量密切相关。现有大多数模型是运用热力学、传热学等原理建立起的日光温室环境模型，研究对象多是试验温室而非实际生产温室。这些模型多数没有实际作物的生产，没有充分考虑到作物生产对于温室环境因子的影响。由于试验数据没有覆盖作物的生产周期，也没有考虑到温室覆盖材料的磨损老化对模型造成的影响，这些模型在实际温室中的模拟精度较低且不稳定。现有模型的研究过程中，一方面，为了保证模型的精确性，往往引入多个状态变量和参数，建立多个状态方程，用以描述环境和作物生长状态。这样使模型过于复杂，对于现有的控制器来说，计算量过于庞大，计算时间过长，实时性无法保证，无法实际应用于温室生产。另一方面，为了克服模型的这一缺陷，有的模型试图进行简化，这类模型往往没有包含一些对温室系统模型影响较大的因子，不能反映出温室环境的动态变化，精度较差，也无法用于实际生产。有的模型在研究过程中往往只追求所谓“最优”（即为得到作物高产而获得的温室环境参数）而忽视外部环境、控制设备的实际调控能力和调控过程中所需要的能源代价。

本文在研究时，在充分吸取国内外成熟模型的基础上，增加了全热回收系统、CO_2 供应器等在温室生产中尚不常见的控制设备，受课题研究所限没有实际搭建温室系统。本节包含系统描述、模型构建、模型验证几部分。

一、系统描述

（一）温室的结构

温室是一个南北向的日光温室。温室结构如图 2.3 所示。温室由 3 组采暖散热器(俗称暖气片)进行加热,由锅炉烧出的热水通过管道进入温室内的散热器中,散热后增高室温。温室拥有全热回收系统(即土壤-空气热交换器储能系统),白天可以将温室中多余的热能储存在土壤中,当夜间温室的气温降低时再将其释放回温室内进行补充增温。保温被可以在夜间室外空气温度较低的情况下减少热损失,这在实践操作中是常用的手段。卷膜机打开风口,自然通风可以用来给温室降温和除湿。

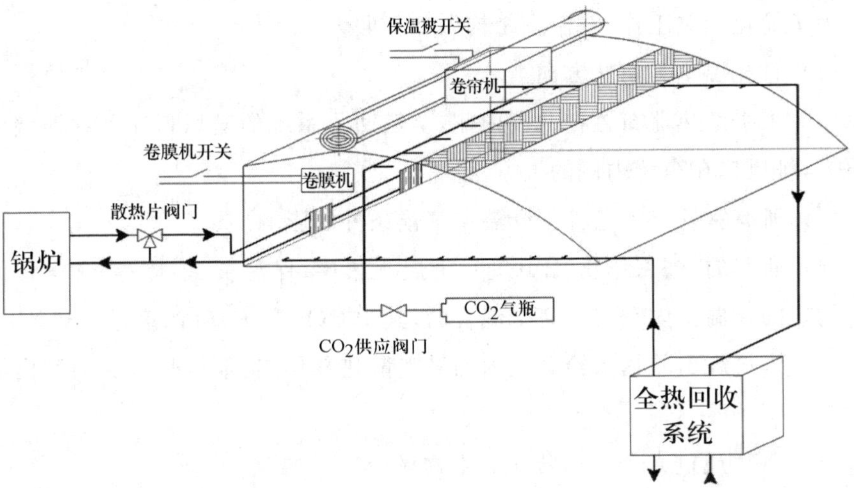

图 2.3　温室结构

试验温室是北京农业职业学院南校区科技实训园 10 号温室。温室坐北朝南,温室方位角为 0°,脊高 3.3 m,北墙高 2.1 m,墙体厚度 0.6 m(0.24 m 红砖＋0.12 m 聚苯泡沫板＋0.24 m 红砖),后屋面厚度 0.2 m(0.05 m 石棉瓦＋0.15 m 石灰浆),后屋面水平投影长度为 1.25 m,温室跨度 6.0 m,长度 86.0 m,前屋面塑料薄膜使用流滴性的 PVC 膜。

温室围护结构的热物理参数见表 2.2。

表 2.2 温室围护结构的热物理参数

结构	材料	密度 /($kg \cdot m^{-3}$)	热传导率 /($W \cdot m^{-1} \cdot K^{-1}$)	比热 /($kJ \cdot kg^{-1} \cdot K^{-1}$)	辐射率	太阳辐射热通量率
墙 体	红 砖	1 650	0.620	0.84	0.95	0.60
	泡沫板	28	0.047	1.00	—	—
后屋面	石棉瓦	600	0.150	0.76	0.95	0.60
	石灰浆	1 000	0.290	0.76	—	—
保温被	纺织类	400	0.080	0.82	0.95	—
覆盖材料	PVC	1 360	0.150	1.05	0.62	—

温室中没有使用补光系统。

（二）相关假设

为了简化相关工作，对温室结构做如下假设：

（1）日光温室为南北方向。

（2）采暖散热器布置在北墙内侧，全热回收系统的送风口布置在西墙内侧的下方，排风口在东墙内侧的上方。

（3）所有室外气象条件不受温室气候条件的影响。

（4）所有的材料（作物、PVC 膜、上层土壤层、保温被、墙体等）和气体的温度是均匀的。温室内空气是完全混合的，其中 CO_2 和 H_2O 浓度是一致的。

（5）锅炉烧出的热水给温室内的采暖散热器供热，但锅炉开关与否由温室环境决定。

（6）CO_2 通过光合作用转化为生物量。

（7）土壤层的能量是无限量的。

（三）温室动态模型的建立

在温室内气候的动态模型，常用微分方程表示：

$$\dot{x}=f(t,x,u,v)$$

式中：x 为状态变量；u 为控制输入；v 为外部输入；t 为时间；f 为非线性函数，此功能是通过使用 Runge-Kutta 第四阶积分算法集成获得的变量。

本研究中所使用的温室模型是基于 Heesen 模型建立的，他是在综合运用 Henten、De Zwart、De Jong 和 Bot 等的研究成果的基础上建立的。

状态方程的建立基于焓和物质守恒定律。状态的动态学特性是基于与系统动态空间相匹配的一阶微分方程描述的。在本部分使用模型的变量和下标的符号规定在表 2.3 和表 2.4 中给出。

表 2.3　变量的符号规定

符号	含义	单位	符号	含义	单位
Φ_m	质量流量(mass flow rate)	$kg \cdot s^{-1}$	T	温度(temperature)	K
Φ_V	体积流量(volume rate)	$m^3 \cdot s^{-1}$	V	容积(volume)	m^3
A	表面积(surface area)	m^2	$\rho \cdot c_p \cdot V$	热容量(heat capacity)	$J \cdot K^{-1}$
Q	热交换(heat exchange)	W			

表 2.4　下标的符号规定

符号	含义	符号	含义
a	空气(air)	rd	短波辐射(shotwave radiation)
c	作物(crop)	fi	棚膜内侧(heat preservation inside)
CO_2	二氧化碳(carbon dioxide)	fo	棚膜外侧(heat preservation outside)
H_2O	水(water)	s	表层土壤(upper soil layer)
in	输入系统(going into system)	s2	深层土壤(lower soil layer)
out	输出系统(going out of system)	sky	天空(sky)
o	室外(outside)	hp	保温被(heat preservation)
sf	卷膜机(shed film machine)	hr	全热回收机(heat recovery machine)
ch	散热器(central heating)		

状态变量 x、控制输入变量 u、外部输入变量 v 的符号规定分别在表 2.5、表 2.6、表 2.7 中给出。

表 2.5　状态变量 x 的符号规定

符号	描述	单位
$C_{a\_CO_2}$	室内 CO_2 浓度(CO_2 concentration indoor air)	$kg \cdot m^{-3}$
$C_{a\_H_2O}$	室内湿度(H_2O concentration indoor air)	$kg \cdot m^{-3}$
T_a	室内温度(temperature indoor air)	K

续表 2.5

符号	描述	单位
T_c	作物温度(temperature crop)	K
T_s	表层土壤温度(temperature upper soil layer)	K
T_{hp}	保温被温度(temperature heat preservation)	K
S_T	积温(temperature integral)	K・day
W	总生物量(total biomass)	kg・m^{-2}
E_{aq}	土壤层的能量含量(aquifer energy content)	J・m^{-2}

表 2.6 控制输入变量 *u* 的符号规定

符号	描述	单位
vp_{CO_2}	CO_2 供应阀门(valve position CO_2 supply)	[0,1]
Cl_{hp}	保温被开关(heat preservation closure)	{0,1}
Cl_{sf}	卷膜机开关(shed film machine closure)	{0,1}
vp_{hr}	全热回收机开关(valve heat recovery machine)	[0,1]
vp_{ch}	散热器阀门(valve central heating)	[0,1]

注：0 表示完全打开,1 表示完全关闭。

表 2.7 外部输入变量 *v* 的符号规定

符号	描述	单位
I_o	室外太阳短波辐射(outdoor shortwave solar radiation)	W・m^{-2}
v_o	室外风速(outdoor wind speed)	m・s^{-1}
T_o	室外空气温度(temperature outdoor air)	K
T_{o_w}	室外湿球温度(temperature wet bulb)	K
T_{sky}	天空温度(temperature sky)	K
$C_{o\_CO_2}$	室外 CO_2 浓度(CO_2 concentration outdoor air)	kg・m^{-3}

注:室外空气湿度 $C_{o\_H_2O}$ 可由室外空气温度 T_o 和室外湿球温度 T_{o_w} 计算得到。

状态变量 x、外部输入变量 v 和控制输入变量 u 如图 2.4 所示。状态变量 x 的外框是矩形的,外部输入变量 v 的外框是六边形的,控制输入变量 u 的外框是椭圆形的。

状态方程具体如下。

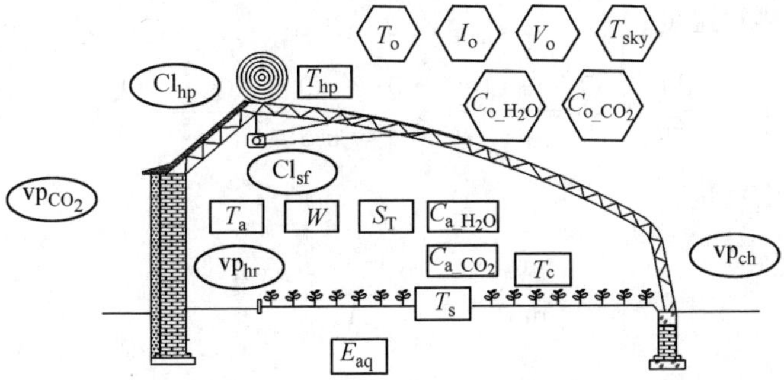

图 2.4　状态变量 x、外部输入变量 v 和控制输入变量 u

（1）室内空气二氧化碳浓度：

$$\frac{dC_{a\_CO_2}}{dt}=\begin{cases}\dfrac{\Phi_{m\_in\_a\_CO_2}-\Phi_{m\_a\_c\_CO_2}}{V_a}, & C_{sf}=1\\[2ex] \dfrac{\Phi_{m\_in\_a\_CO_2}-\Phi_{m\_a\_c\_CO_2}-\Phi_{m\_a\_o\_CO_2}}{V_a}, & C_{sf}=0\end{cases} \tag{2.52}$$

（2）室内空气湿度：

$$\frac{dC_{a\_H_2O}}{dt}=\begin{cases}\dfrac{\Phi_{m\_c\_a\_H_2O}+\Phi_{m\_a\_s\_H_2O}-\Phi_{m\_a\_fi\_H_2O}}{V_a}, & C_{sf}=1\\[2ex] \dfrac{\Phi_{m\_c\_a\_H_2O}+\Phi_{m\_a\_s\_H_2O}-\Phi_{m\_a\_fi\_H_2O}-\Phi_{m\_a\_o\_CO_2}}{V_a}, & C_{sf}=0\end{cases} \tag{2.53}$$

（3）室内空气温度：

$$\frac{dT_a}{dt}=\begin{cases}\dfrac{Q_{ch\_a}-Q_{a\_fi}-Q_{a\_s}-Q_{a\_c}}{\rho_a\cdot c_{p\_a}\cdot V_a}, & C_{sf}=1\\[2ex] \dfrac{Q_{ch\_a}-Q_{a\_fi}-Q_{a\_s}-Q_{a\_c}-Q_{a\_o}}{\rho_a\cdot c_{p\_a}\cdot V_a}, & C_{sf}=0\end{cases} \tag{2.54}$$

（4）作物温度：

$$\frac{dT_c}{dt}=\frac{Q_{ch\_c}+Q_{s\_c}+Q_{a\_c}+Q_{fi\_c}-Q_{c\_a\_H_2O}}{\rho_c\cdot c_{p\_c}\cdot V_c} \tag{2.55}$$

（5）土壤温度：

$$\frac{dT_s}{dt}=\frac{Q_{rd\_s}+Q_{a\_s}+Q_{ch\_s}-Q_{s\_c}-Q_{s\_s2}-Q_{s\_fi}}{(0.7\rho_s\cdot c_{p\_s}+0.2\rho_{H_2O}\cdot c_{p\_H_2O}+0.1\rho_a\cdot c_{p\_a})\cdot V_s} \tag{2.56}$$

(6) 散热片温度：

$$\frac{dT_c}{dt}=\frac{Q_{in\_c}+Q_{rd\_c}-Q_{c\_a}-Q_{c\_s}-Q_{c\_fi}-Q_{c\_c}}{\rho_{H_2O}\cdot c_{p\_H_2O}\cdot V_{ch}} \tag{2.57}$$

(7) 总生物量：

$$\frac{dW}{dt}=\frac{f_{w\_CO_2}\cdot \Phi_{m\_a\_c\_CO_2}}{A_s} \tag{2.58}$$

二、二氧化碳模型

温室内二氧化碳浓度 $C_{a\_CO_2}$ 和总生物量 W 的微分方程在公式 2.52 和 2.58 中给出。二氧化碳的质量流量 $\Phi_{m\_CO_2}$ 在随后的段落中进行描述。二氧化碳模型中的状态变量 x(粗实线)、外部输入变量 v(虚线)与控制输入变量 u(点画线)关系原理，如图 2.5 所示。

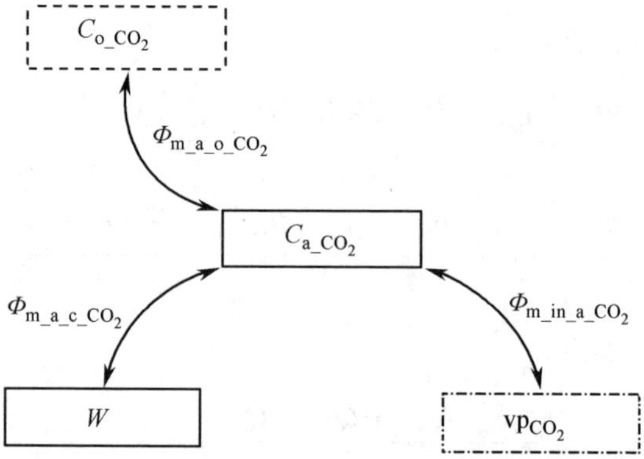

图 2.5　二氧化碳模型中的状态变量 x(粗实线)、外部输入变量 v(虚线)和控制输入变量 u(点画线)

本部分所有的二氧化碳浓度 $C_{x\_CO_2}$ 采用国际标准单位($kg\cdot m^{-3}$)。其他部分中的二氧化碳浓度 CO_{2x} 使用了生产实践中使用的单位($\mu mol\cdot mol^{-1}$)，两个单位之间可以通过下式进行换算：

$$CO_{2x}=\frac{C_{x\_CO_2}}{1.83\times10^{-6}}$$

（一）二氧化碳供应引起的二氧化碳传输

温室中，二氧化碳由二氧化碳气瓶供给，因此二氧化碳的最大供应流量 $\Phi_{m\_CO_2}$ 是一个设计参数，与气瓶的大小和气瓶阀门的型号有关。供给室内空气的二氧化碳质量流量 $\Phi_{m\_in\_a\_CO_2}$ 可以表达为

$$\Phi_{m\_in\_a\_CO_2} = vp_{CO_2} \cdot \Phi_{m\_CO_2} \tag{2.59}$$

式中：$\Phi_{m\_CO_2} = 5\times10^{-5}\ kg\cdot s^{-1}$，$\Phi_{m\_CO_2}$ 为二氧化碳的最大供应流量。vp_{CO_2} 为二氧化碳的供应状态（即阀门的开关状态）参数，$vp_{CO_2}\in[0,\ 1]$。

（二）光合作用和呼吸作用引起的二氧化碳传输

从室内空气到作物冠层的二氧化碳流量 $\Phi_{m\_a\_c\_CO_2}$ 可以表示为

$$\Phi_{m\_a\_c\_CO_2} = P_{cg} - r_c \tag{2.60}$$

其中，P_{cg} 代表作物冠层的总热通量率，可以表示为

$$P_{cg} = 10^{-6}\cdot A_s \cdot P_g \tag{2.61}$$

r_c 代表作物冠层的暗呼吸速率，可以表示为

$$r_c = 10^{-6}\cdot A_s \cdot r_D \tag{2.62}$$

式中：$P_g(mg\cdot m^{-2}\cdot s^{-1})$表示作物冠层的总同化速率；$r_D$ 表示作物冠层的暗呼吸速率；A_s 为土壤的表面积。这些速率可以采用第二章中的光合作用模型进行计算。

这些二氧化碳用于生产生物质，本章假定由作物同化的二氧化碳全部转化为生物量。所消耗的二氧化碳可以根据生物量增长率来进行计算，其转换因子 $f_{w\_CO_2}$ 表示为

$$f_{w\_CO_2} = \frac{1}{1-\frac{p_w}{100}} \cdot \frac{c_f \cdot c_{cs}}{ASRQ} \tag{2.63}$$

其中，总生物量中水的百分比 $p_w = 94\%$，所产生的生物量干重材料的分数 $c_f = 1$，从 CO_2 到 CH_2O 转换因子（摩尔质量分数）$c_{cs} = 30/44$，从干重到 CH_2O 转换因子 $ASRQ = 1.2$。

（三）自然通风引起的二氧化碳传输

从温室内到温室外二氧化碳的质量流量 $\Phi_{m\_a\_o\_CO_2}$ 可表示为

$$\Phi_{m\_a\_o\_CO_2}=\Phi_{a\_o}\cdot(C_{a\_CO_2}-C_{o\_CO_2}) \tag{2.64}$$

式中：Φ_{a_o} 为通风体积流量；$C_{a\_CO_2}$ 为温室内空气中的二氧化碳浓度；$C_{o\_CO_2}$ 为温室外空气中的二氧化碳浓度。

通风体积流量 Φ_{a_o} 可以描述为

$$\Phi_{a\_o}=\Phi_{leak}+\Phi_{win} \tag{2.65}$$

式中：Φ_{leak} 为通过缝隙泄漏的空气体积流量，Φ_{win} 为通过风口泄漏的空气体积流量。

通过缝隙泄漏的空气体积流量 Φ_{leak} 可以描述为

$$\Phi_{leak}=A_s\cdot(8.3\times10^{-5}+3.5\times10^{-5}v_o\cdot f_a) \tag{2.66}$$

式中：A_s 为土壤的表面积；v_o 为室外的风速；f_a 为缝隙泄漏系数，$f_a=1$。

通过风口泄漏的空气体积流量 Φ_{win}，可以描述为

$$\Phi_{win}=\sqrt{\Phi_{wind}^2+\Phi_{\Delta T}^2} \tag{2.67}$$

式中：Φ_{wind} 为风引起的空气体积流量；$\Phi_{\Delta T}$ 为温室内外温差引起的空气体积流量。

风引起的空气体积流量 Φ_{wind} 可以描述为

$$\Phi_{wind}=f_{sf}\cdot v_o\cdot L_1\cdot L_2 \tag{2.68}$$

式中：f_{sf} 为风口的通气功能；L_1 和 L_2 分别为风口的长度和宽度。

风口的通气功能 f_{sf} 可以描述为

$$f_{sf}=c_{sf3}\cdot \mathrm{Cl}_{sf}^3-c_{sf2}\cdot \mathrm{Cl}_{sf}^2+c_{sf1}\cdot \mathrm{Cl}_{sf}+c_{sf0} \tag{2.69}$$

式中：c_{sf0}、c_{sf1}、c_{sf2}、c_{sf3} 为风口的通风功能系数，$c_{sf0}=1.27\times10^{-4}$，$c_{sf1}=4.71\times10^{-4}$，$c_{sf2}=3.78\times10^{-2}$，$c_{sf3}=1.22\times10^{-2}$；$\mathrm{Cl}_{sf}$ 为风口卷膜机的开关状态，$\mathrm{Cl}_{sf}\in[0,1]$。

温室内外温差引起的空气体积流量 $\Phi_{\Delta T}$ 可以描述为

$$\Phi_{\Delta T}=\frac{1}{3}c_w\cdot L_1\cdot\sqrt{\left|g\cdot\frac{T_o-T_a}{T_o}\right|}\cdot L_{win}^{1.5} \tag{2.70}$$

式中：L_1 表示风口的长度；c_w 为通过风口的流量系数，$c_w=0.6$；g 为重力加速度；L_{win} 为风口开口的垂直投影长度；T_a 和 T_o 分别为室内和室外的空气温度。

风口开口的垂直投影长度 L_{win} 表示为

$$L_{\text{win}}=2L_2\cdot\cos\gamma\cdot \text{Cl}_{\text{sf}} \tag{2.71}$$

式中：L_2 为风口的宽度，$L_2=0.45\ \text{m}$；γ 为棚面风口位置与水平面的夹角，$\gamma=20.5°$。

（四）土壤与室内空气间的二氧化碳传输

从土壤到室内空气的二氧化碳的质量流量 $\Phi_{\text{m\_s\_a\_CO}_2}$ 可以用下式计算：

$$\Phi_{\text{m\_s\_a\_CO}_2}=A_{\text{s}}\cdot p_{\text{s\_}T_{\text{s}}\text{\_CO}_2} \tag{2.72}$$

式中：$p_{\text{s\_}T_{\text{s}}\text{\_CO}_2}$ 为土壤温度 T_{s} 下，单位面积上的土壤呼出的二氧化碳的质量流量（董仁涛，2005），其可表示为

$$p_{\text{s\_}T_{\text{s}}\text{\_CO}_2}=p_{\text{s\_}T_0\text{\_CO}_2}\cdot 3^{\frac{T_{\text{s}}-T_0}{10}} \tag{2.73}$$

式中：$p_{\text{s\_}T_0\text{\_CO}_2}=1\times10^{-8}\ \text{kg}\cdot\text{m}^{-2}\cdot\text{s}^{-1}$，表示土壤温度 T_0 下单位面积上土壤呼出的二氧化碳的质量流量。

三、水蒸气模型

温室内的水蒸气浓度 $C_{\text{a\_H}_2\text{O}}$ 的微分方程在公式 2.53 给出。水蒸气的质量流量率在随后的段落中描述。水蒸气模型中的状态变量 x（粗实线）、外部输入变量 v（虚线）和控制输入变量 u（点画线）的关系原理如图 2.6 所示。

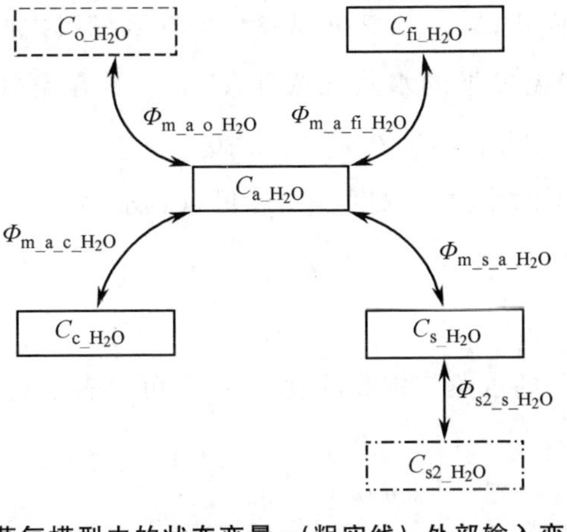

图 2.6　水蒸气模型中的状态变量 x（粗实线）、外部输入变量 v（虚线）和控制输入变量 u（点画线）

（一）冠层蒸腾作用引起的水蒸气传输

冠层蒸腾作用引起的水蒸气质量流量 $\Phi_{m\_c\_a\_H_2O}$ 为

$$\Phi_{m\_c\_a\_H_2O}=\max[A_c \cdot k_{c\_a\_H_2O} \cdot (C_{c\_H_2Os}-C_{a\_H_2O}),0] \tag{2.74}$$

式中：A_c 为作物冠层面积，由冠层叶面积指数 LAI 计算得出，可以表示为

$$A_c=2\text{LAI} \cdot A_s \tag{2.75}$$

式中：2 表示叶子的上、下两个表面；LAI 代表一个表面的叶面积指数，LAI＝3；A_s 表示土壤面积，m^2。

冠层蒸腾作用引起的水蒸气质量流量，在本章蒸散模型中进行了详细论述。

（二）水的冷凝引起的水蒸气传输

1. 棚膜外侧的冷凝水

当空气中的水蒸气浓度高于表面的水蒸气饱和浓度时，水会在表面凝结。表面的水蒸气饱和浓度取决于表面的空气温度和湿度。这里假定凝结水不能用于蒸发。

2. 棚膜内侧的冷凝水

棚膜内侧的水的凝结引起的水蒸气的质量流量 $\Phi_{m\_a\_fi\_H_2O}$，可以表示为

$$\Phi_{m\_a\_fi\_H_2O}=\max[A_f \cdot k_{a\_fi\_H_2O} \cdot (C_{a\_H_2Os}-C_{fi\_H_2O}),0] \tag{2.76}$$

式中：A_f 表示棚膜面积；$k_{a\_fi\_H_2O}$ 表示从室内空气到棚膜内侧的水蒸气的传质系数；$C_{fi\_H_2O}$ 是在棚膜温度下的水蒸气浓度；$C_{a\_H_2Os}$ 是在空气温度的水蒸气饱和浓度。如果 $C_{a\_H_2Os} \leqslant C_{fi\_H_2O}$，则 $\Phi_{m\_a\_fi\_H_2O}=0$。

棚膜温度 T_{fi} 下的水蒸气浓度 $C_{fi\_H_2O}$ 可以表示为

$$C_{fi\_H_2O}=\frac{p_{fi\_H_2O}}{p_{fi\_H_2Os}} \cdot C_{fi\_H_2Os} \tag{2.77}$$

棚膜温度 T_{fi} 下的水蒸气饱和浓度 $C_{fi\_H_2Os}$ 可以表示为

$$C_{fi\_H_2Os}=\frac{p_{fi\_H_2Os} \cdot M_{H_2O}}{R_g \cdot T_{fi}} \tag{2.78}$$

棚膜温度 T_{fi} 下的饱和蒸气压 $p_{fi\_H_2Os}$ 可以表示为

$$p_{fi\_H_2Os}=c_{s1}\cdot e^{\frac{c_{s2}\cdot(T_c-T_0)}{c_{s3}+(T_c-T_0)}} \tag{2.79}$$

式中：$T_0=273.15$ K；c_{s1}、c_{s2} 和 c_{s3} 为饱和压力系数。

棚膜温度 T_{fi} 下的蒸气压 $p_{fi\_H_2O}$ 可以表示为

$$p_{fi\_H_2O}=\begin{cases}0.01\cdot RH_a\cdot p_{fi\_H_2Os}, & p_{fi\_H_2Os}>0\\ 0, & p_{fi\_H_2Os}\leqslant 0\end{cases} \tag{2.80}$$

空气温度的水蒸气饱和浓度 $C_{a\_H_2Os}$ 可以表示为

$$C_{a\_H_2Os}=\frac{p_{a\_H_2Os}\cdot M_{H_2O}}{R_g\cdot T_a} \tag{2.81}$$

Bot(1983)给出的水蒸气的传质系数 $k_{a\_fi\_H_2O}$ 为

$$k_{a\_fi\_H_2O}=\frac{\alpha_{a\_fi}}{\rho_a\cdot c_{p\_a}\cdot Le^{\frac{2}{3}}} \tag{2.82}$$

式中：α_{a_fi} 为从室内空气到棚膜内侧的换热系数；ρ_a 为空气密度；c_{p_a} 为空气比热容；Le 为空气中的水蒸气刘易斯数，Le=0.89。

（三）通风引起的水蒸气传输

通风引起的从室内空气到室外空气的水蒸气的质量流量 $\Phi_{m\_a\_o\_H_2O}$ 可以表示为

$$\Phi_{m\_a\_o\_H_2O}=\Phi_{a\_o}\cdot(C_{a\_H_2Os}-C_{o\_H_2O}) \tag{2.83}$$

式中：Φ_{a_o} 为通风流量；$C_{a\_H_2Os}$ 为在该温度下室内空气的水蒸气饱和浓度；$C_{o\_H_2O}$ 为在该温度下室外空气的水蒸气浓度。

（四）土壤水分蒸发引起的水蒸气传输

土壤水分蒸发引起的从室内空气到室外空气的水蒸气的质量流量 $\Phi_{m\_s\_a\_H_2O}$ 可以表示为

$$\Phi_{m\_s\_a\_H_2O}=A_s\cdot E_{P\_s\_a\_H_2O} \tag{2.84}$$

式中：$E_{P\_s\_a\_H_2O}$ 为土壤可能蒸发量，可以表示为(Aydin，2005)

$$E_{P\_s\_a\_H_2O}=1.157\times10^{-5}\cdot\frac{\Delta\cdot I_{s\_Is}(1-\eta_{s\_Is})+86.4\cdot\rho_a\cdot c_p\cdot(p_{a\_H_2Os}-p_{a\_H_2O})/r_a}{\lambda(\Delta+\gamma)} \tag{2.85}$$

式中：Δ 为饱和水汽压曲线斜率；I_{s_Is} 为土壤表面的短波辐射；η_{s_Is} 为土壤的短波辐射吸收系数；ρ_a 为空气密度；c_p 为空气定压比热，$c_p = 1.013\ \mathrm{kJ \cdot kg^{-1} \cdot K^{-1}}$；$r_a$ 为空气动力学阻抗；γ 为干湿表系数；λ 为水的汽化潜热，$\lambda = 2.26\ \mathrm{MJ \cdot Kg^{-1}}$。

干湿表系数 γ 表示为

$$\gamma = \frac{65 + 6.75/v_a}{10^5} \tag{2.86}$$

空气动力学阻抗 r_a 表示为

$$r_a = \frac{\rho_a \cdot c_p \cdot (T_s - T_a)}{I_{s\_Is} \cdot \eta_{s\_Is}} \tag{2.87}$$

四、热模型

物体之间的热传递主要有对流、传导和辐射 3 种形式。热模型中的状态变量 x（粗实线）、外部输入变量 v（虚线）、控制输入变量 u（点画线）的关系原理如图 2.7 所示。

（一）对流

对流是固体与气体或流体材料之间的热传递，从 A 到 B 的热传递热通量 Q_{A_B} 可以描述为

$$Q_{A\_B} = A_{A\_B} \cdot \alpha_{A\_B} \cdot (T_A - T_B) \tag{2.88}$$

式中：A_{A_B} 为换热面积，$\mathrm{m^2}$；α_{A_B} 为 A 和 B 之间的换热系数；T_A 和 T_B 分别为 A 和 B 的温度。

1. 室内空气与作物冠层间的对流热通量

室内空气与作物冠层间的对流热通量 Q_{a_c} 表示为

$$Q_{a\_c} = A_c \cdot \alpha_{a\_c} \cdot (T_a - T_c) \tag{2.89}$$

式中：T_a 和 T_c 分别为室内空气和作物冠层的温度。作物冠层表面积 A_c，由冠层叶面积指数 LAI 按下式计算得出

$$A_c = 2\mathrm{LAI} \cdot A_s \tag{2.90}$$

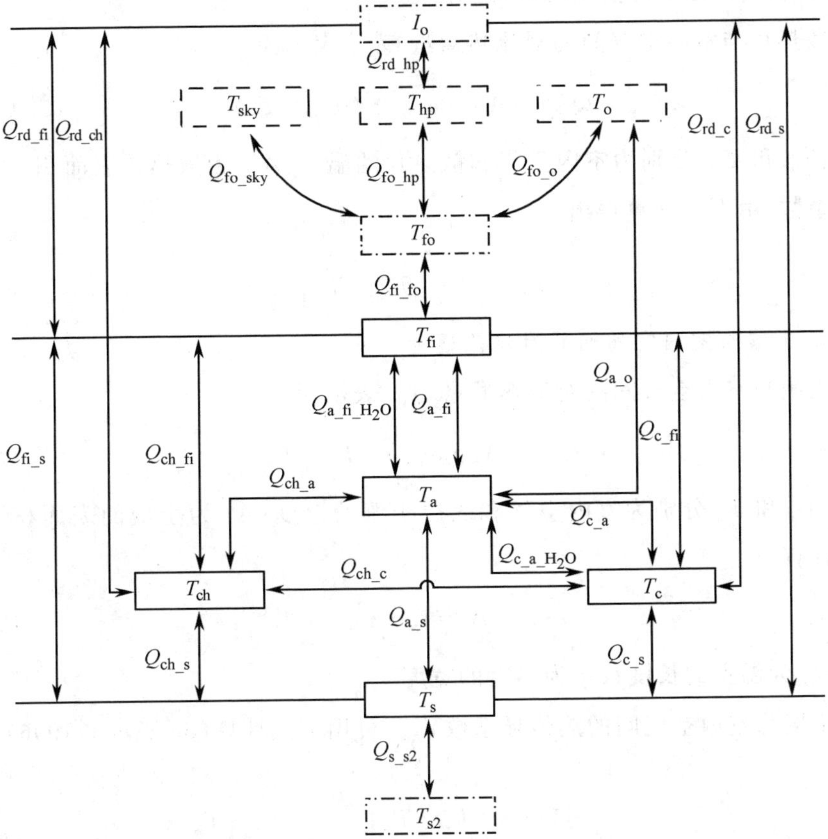

图 2.7 热模型中的状态变量 x(粗实线)、外部输入变量 v(虚线)和控制输入变量 u(点画线)

室内空气与作物冠层间的换热系数 α_{a_c} 由下式计算得出

$$\alpha_{a\_c}=\frac{\rho_a \cdot c_{p\_a}}{R_{b\_heat}} \tag{2.91}$$

式中：ρ_a 为空气密度；c_{p_a} 为空气比热容；R_{b_heat} 为叶片边界层阻力传热系数(De Zwart，1996)，可以由下式计算得出

$$R_{b\_heat}=\frac{1\,174\sqrt{l_f}}{(l_f \cdot |T_c-T_a|+207v_a^2)^{\frac{1}{4}}} \tag{2.92}$$

式中：叶片宽度 $l_f=0.035$ m；温室内的风速 $v_a=0.09\ \mathrm{m\cdot s^{-1}}$；$|T_c-T_a|$ 为作物和温室空气之间的温度差。

2. 散热片与室内空气间的对流热通量

散热片与室内空气间的对流热通量 Q_{ch_a} 表示为

$$Q_{ch\_a}=A_{ch}\cdot\alpha_{ch\_a}\cdot(T_{ch}-T_a) \tag{2.93}$$

式中：T_a 和 T_{ch} 分别为室内空气和散热片的温度；A_{ch} 为散热片表面积；α_{ch_a} 为换热系数，由下式计算得出

$$\alpha_{ch\_a}=2\cdot|T_{ch}-T_a|^{\frac{1}{3}} \tag{2.94}$$

3. 土壤与室内空气间的对流热通量

土壤与室内空气间的对流热通量 Q_{a_s} 表示为

$$Q_{a\_s}=A_s\cdot\alpha_{a\_s}\cdot(T_a-T_s) \tag{2.95}$$

式中：T_a 和 T_s 分别为室内空气和表层土壤的温度；A_s 为土壤的表面积，可用下式计算

$$A_s=l_s\cdot w_s \tag{2.96}$$

式中：l_s 为温室的长度；w_s 为温室的宽度。

土壤与室内空气间的热传导系数 α_{a_s}，可用下式计算(de Zwart,1996)

$$\alpha_{a\_s}=\begin{cases}1.7\cdot|T_a-T_s|^{\frac{1}{3}}, & T_a<T_s\\ 1.3\cdot|T_a-T_s|^{0.25}, & T_a\geqslant T_s\end{cases} \tag{2.97}$$

4. 室内空气与棚膜内表面间的对流热通量

室内空气与棚膜内表面间的对流热通量 Q_{a_fi} 可以表示为

$$Q_{a\_fi}=A_f\cdot\alpha_{a\_fi}(T_a-T_{fi}) \tag{2.98}$$

式中：A_f 为棚膜的表面积；α_{a_fi} 为热传导系数，可用下式计算

$$\alpha_{a\_fi}=3\cdot|T_a-T_{fi}|^{\frac{1}{3}} \tag{2.99}$$

5. 室外空气与棚膜外表面间的对流热通量

室外空气与棚膜外表面间的对流热通量 Q_{fo_o} 可以表示为

$$Q_{fo\_o}=A_f\cdot\alpha_{fo\_o}\cdot(T_{fo}-T_o) \tag{2.100}$$

式中：A_f 为棚膜的表面积；α_{fo_o} 为热传导系数，可用下式计算(Bot,1983)

$$\alpha_{fo\_o}=\begin{cases}2.8+1.2v_o, & v_o<4\\ 2.5\cdot v_o^{0.8}, & v_o\geq 4\end{cases} \tag{2.101}$$

式中：v_o 表示温室外的风速。

6. 风口通风引起室外空气与室内空气间的对流热通量

风口通风引起室外空气与室内空气间的对流热通量 Q_{a_o} 可以表示为

$$Q_{a\_o}=(1-\mathrm{Cl}_{sf}\cdot\eta_{sf})\rho_a\cdot c_{p\_a}\cdot\Phi_{a\_o}(T_a-T_o) \tag{2.102}$$

式中：ρ_a 为温室内空气密度；c_{p_a} 表示空气比热容；$\mathrm{Cl}_{sf}=1$ 表示卷膜机完全关闭，$\mathrm{Cl}_{sf}=0$ 表示卷膜机完全开启；η_{sf} 为热回收效率，$\eta_{sf}=0.9$；Φ_{a_o} 为通风流量。

7. 全热回收系统引起室内空气与管道空气间的对流热通量

全热回收系统引起室外空气与室内空气间的对流热通量 Q_{a_hr} 可以表示为

$$Q_{a\_hr}=(1-\mathrm{vp}_{hr}\cdot\eta_{hr})\rho_a\cdot c_{p\_a}\cdot\Phi_{a\_hr}(T_a-T_o) \tag{2.103}$$

式中：ρ_a 为温室内空气密度；c_{p_a} 为空气比热容；$\mathrm{vp}_{hr}=1$ 表示全热回收系统完全关闭，$\mathrm{vp}_{hr}=0$ 表示全热回收系统完全开启；Φ_{a_hr} 为全热回收系统的流量；η_{hr} 为全热回收机的热回收效率，$\eta_{hr}=0.9$。

（二）长波辐射

长波辐射是两种材料之间由于辐射产生的热传递。从对象 A 向对象 B 长波辐射热通量 Q_{A_B} 由下式来计算：

$$Q_{A\_B}=A_{A\_B}\cdot E_A\cdot E_B\cdot F_{A\_B}\cdot\sigma\cdot(T_A^4-T_B^4) \tag{2.104}$$

式中：A_{A_B} 为传热表面积；E_A 和 E_B 分别为 A 和 B 的辐射系数；F_{A_B} 为从 A 到 B 的视角因数；σ 为斯特凡-波兹曼常数；T_A 和 T_B 分别为 A 和 B 的温度。

1. 散热片到作物冠层的长波辐射热通量

散热片到作物冠层的长波辐射热通量 Q_{ch_c} 由下式来计算：

$$Q_{ch\_c}=A_{ch}\cdot E_{ch}\cdot E_c\cdot F_{ch\_c}\cdot\sigma\cdot(T_{ch}^4-T_c^4) \tag{2.105}$$

式中：A_{ch} 为散热片的表面积；$E_{ch}=0.95$ 和 $E_c=1-\tau_{c\_Il}$ 分别为散热片和冠层的热辐射系数；T_{ch} 和 T_c 分别为散热片和冠层的温度；F_{ch_c} 为从散热片到冠层的视角因数。

从散热片到冠层的视角因数 F_{ch_c} 表示为

$$F_{ch\_c}=1-F_{ch\_s}-F_{ch\_fi} \tag{2.106}$$

式中：F_{ch_s} 和 F_{ch_fi} 分别为从散热片到土壤、棚膜内表面的视角因数。

2. 散热片到土壤的长波辐射热通量

从散热片到土壤的长波辐射热通量 Q_{ch_s} 由下式来计算：

$$Q_{ch\_s}=A_{ch}\cdot E_{ch}\cdot E_{s}\cdot F_{ch\_s}\cdot\sigma\cdot(T_{ch}^{4}-T_{s}^{4}) \tag{2.107}$$

式中：A_{ch} 为散热片的表面积；$E_{ch}=0.95$ 和 $E_{s}=0.7$ 分别为散热片和土壤的热辐射系数；T_{ch} 和 T_{s} 分别为散热片和表层土壤的温度；F_{ch_s} 为散热片到土壤的视角因数。

从散热片到土壤的视角因数 F_{ch_s} 表示为

$$F_{ch\_c}=0.5 \tag{2.108}$$

3. 散热片到棚膜内侧的长波辐射热通量

从散热片到棚膜内侧的长波辐射热通量 Q_{ch_fi} 由下式来计算：

$$Q_{ch\_fi}=A_{ch}\cdot E_{ch}\cdot E_{fi}\cdot F_{ch\_fi}\cdot\sigma\cdot(T_{ch}^{4}-T_{fi}^{4}) \tag{2.109}$$

式中：A_{ch} 为散热片的表面积；E_{ch} 和 $E_{fi}=0.95$ 分别为散热片和棚膜内侧的热辐射系数；T_{ch} 和 T_{fi} 分别为散热片和棚膜内侧的温度；F_{ch_fi} 为散热片到棚膜内侧的视角因数。

从散热片到棚膜内侧的视角因数 F_{ch_fi} 表示为

$$F_{ch\_fi}=0.5\cdot\tau_{c\_ll} \tag{2.110}$$

式中：τ_{c_ll} 为作物冠层长波辐射的透过率，可以通过对冠层长波辐射的消光系数 k_{c_ll} 和叶面积指数 LAI 来计算得到。

$$\tau_{c\_ll}=e^{-k_{c\_ll}\cdot LAI} \tag{2.111}$$

式中：冠层长波辐射的消光系数 $k_{c\_ll}=0.68$。

4. 土壤到作物冠层的长波辐射热通量

从土壤到作物冠层的长波辐射热通量 Q_{s_c} 由下式来计算：

$$Q_{s\_c}=A_{s}\cdot E_{s}\cdot E_{c}\cdot F_{s\_c}\cdot\sigma\cdot(T_{s}^{4}-T_{c}^{4}) \tag{2.112}$$

式中：A_{s} 为土壤的表面积；E_{s} 和 E_{c} 分别为土壤和冠层的热辐射系数，T_{s} 和 T_{c} 分别为作物冠层和土壤的温度；F_{s_c} 为土壤到作物冠层的视角因数。

土壤到作物冠层的视角因数 F_{s_c} 表示为

$$F_{s\_c}=(1-\tau_{c\_Il})\cdot(1-F_{ch\_s}) \tag{2.113}$$

式中：F_{ch_s} 为从土壤到散热片的视角因数。

5．土壤到棚膜内侧的长波辐射热通量

土壤到棚膜内侧的长波辐射热通量 Q_{s_fi} 由下式来计算：

$$Q_{s\_fi}=A_s\cdot E_s\cdot E_{fi}\cdot F_{s\_fi}\cdot\sigma\cdot(T_s^4-T_{fi}^4) \tag{2.114}$$

式中：A_s 为土壤的表面积；E_s 和 E_{fi} 分别为土壤和棚膜内侧的热辐射系数；T_s 和 T_{fi} 分别为土壤和棚膜内侧的温度；F_{s_fi} 为土壤到棚膜内侧的视角因数。

从土壤到棚膜内侧的视角因数 F_{s_fi} 表示为

$$F_{s\_fi}=1-F_{ch\_s}-F_{s\_c} \tag{2.115}$$

6．棚膜内侧到作物冠层的长波辐射热通量

从棚膜内侧到冠层的长波辐射热通量 Q_{fi_c} 由下式来计算：

$$Q_{fi\_c}=A_{fi}\cdot E_c\cdot E_{fi}\cdot F_{fi\_c}\cdot\sigma\cdot(T_{fi}^4-T_c^4) \tag{2.116}$$

式中：A_{fi} 为棚膜的表面积；E_{fi} 和 E_c 分别为棚膜内侧和冠层的热辐射系数；T_{fi} 和 T_c 分别为棚膜内侧和作物冠层的温度；F_{fi_c} 为棚膜内侧到作物冠层的视角因数。

从棚膜内侧到作物冠层的视角因数 F_{fi_c} 表示为

$$F_{fi\_c}=(1-\tau_{c\_Il})\cdot F_{fo\_sky} \tag{2.117}$$

式中：F_{fo_sky} 为从棚膜外侧到天空的视角因数。

7．棚膜外侧到天空的长波辐射热通量

从棚膜外侧到天空的长波辐射热通量 Q_{fo_sky} 由下式来计算：

$$Q_{fo\_sky}=A_{fo}\cdot E_{sky}\cdot E_{fo}\cdot F_{fo\_sky}\cdot\sigma\cdot(T_{fo}^4-T_{sky}^4) \tag{2.118}$$

式中：A_{fo} 为棚膜的表面积；E_{fo} 和 $E_{sky}=1$ 分别为棚膜外侧的和天空的热辐射系数；T_{fo} 和 T_{sky} 分别为棚膜外侧和天空的温度；F_{fo_sky} 为棚膜外侧到天空的视角因数。

从棚膜外侧到天空的视角因数 F_{fo_sky} 表示为

$$F_{fo\_sky}=\cos\gamma \tag{2.119}$$

式中：γ 为棚膜与水平面的夹角。

（三）短波辐射

对象 A 的短波辐射吸收，可以描述为

$$Q_{\mathrm{rd\_}A}=A_A\cdot\eta_{A\_\mathrm{Is}}\cdot I_{\mathrm{o}} \tag{2.120}$$

式中：A_A 为换热面积；η_{A_Is} 为 A 和 I_{o}（太阳短波辐射）之间的短波辐射吸收系数，发射的太阳短波辐射取决于对象 A 在温室里的位置。棚膜的短波辐射透过率 $\tau_{\mathrm{f\_Is}}$ 描述为

$$\tau_{\mathrm{f\_Is}}=f_{\mathrm{dif}}\cdot\tau_{\mathrm{dif\,R}}+(1-f_{\mathrm{dif}})\cdot\tau_{\mathrm{dir\,R}} \tag{2.121}$$

其中，棚膜的漫射辐射透射率 $\tau_{\mathrm{dif}\,R}=0.78$，棚膜的直接辐射透射率 $\tau_{\mathrm{dir\,R}}$ 和短波辐射散射辐射率 f_{dif}，则需要计算得到。

对象 A 的短波辐射吸收系数 η_{A_Is}，太阳短波辐射部分由对象 A 本身决定，一般会有一个通过分数和一个反射校正分数。

$$\eta_{A\_\mathrm{Is}}=1-\beta_{A\_\mathrm{Is}}-\tau_{A\_\mathrm{Is}} \tag{2.122}$$

其中，对象 A 的短波辐射反射系数 β_{A_Is}，假定所有不反射或透射的短波辐射均被对象 A 吸收。

1. 太阳短波辐射计算

在大多数情况下，测得的数据仅保留室外太阳短波辐射 I_{o}，室外太阳短波辐射中的 PAR 分数 f_{par}、散射分数 $f_{\mathrm{dif\,par}}$ 棚膜的直射透射率 $\tau_{\mathrm{dir\,R}}$，取决于时间与温室地点和位置，需要计算得到。

我们的温室位置根据它的经纬度（北纬 40.4°，东经 116.2°），日期序号 day [1,365]和时刻 hour[0,23]，太阳的位置（方位角 α_{sun} 和高度角 β_{sun}），太阳高度角的正弦值 $\sin\beta$ 和太阳常数等太阳参数可以被确定。

（1）赤纬角 δ。

$$\delta=23.45°\cdot\sin\left(360\times\frac{284+\mathrm{day}}{365}\right) \tag{2.123}$$

式中：day [1,365]为一年中的日期序号。

（2）时角 ω。

$$\omega=15°\cdot(\mathrm{hour}-12) \tag{2.124}$$

式中：hour[0,23]为一天中的时刻。

(3) 太阳高度角 β_{sun}。

$$\beta_{sun}=\arcsin(\sin\varphi\sin\delta+\cos\varphi\cos\omega) \tag{2.125}$$

式中：φ 为当地纬度；δ 为赤纬角；ω 为太阳时角。

(4) 太阳方位角 α_{sun}。

$$\alpha_{sun}=\begin{cases}\arcsin\left(\dfrac{\cos\delta\cdot\sin\omega}{\cos\beta_{sun}}\right), & \sin\alpha_{sun}\leqslant 1\\ \arcsin\left(\dfrac{\sin\beta_{sun}\sin\varphi-\sin\delta}{\cos\beta_{sun}\cos\varphi}\right), & \sin\alpha_{sun}>1\end{cases} \tag{2.126}$$

(5) 太阳常数 $solar_C$ 是指地球大气层外层接收的太阳辐射，它在一年当中呈现周期性变化，可以用下式来表示：

$$solar_C=1\,367\times\left[1+0.033\cos\left(2\pi\cdot\frac{day}{365}\right)\right] \tag{2.127}$$

(6) 大气透过系数 τ_{atm}。

$$\tau_{atm}=\frac{I_o}{solar_C\cdot\sin\beta_{sun}} \tag{2.128}$$

(7) 室外短波太阳辐射散射系数 f_{dif}。

室外短波太阳辐射散射系数 f_{dif} 可以用下式来表示：

$$f_{dif1}=\begin{cases}1, & \tau_{atm}\leqslant p_{db}\\ 1-p_{da}\cdot(\tau_{atm}-p_{db}), & p_{db}<\tau_{atm}\leqslant p_{dc}\\ 1-p_{da}\cdot[(\tau_{atm}-p_{db})^2-(\tau_{atm}-p_{dc})^2], & \tau_{atm}>p_{dc}\end{cases} \tag{2.129}$$

(2.130)

$$f_{dif2}=p_{dd}+(1-p_{dd})\cdot\left(1-e^{-\frac{0.1}{\sin\beta_{sun}}}\right) \tag{2.131}$$

式中：参数 $p_{da}=6.4$，$p_{db}=0.22$，$p_{dc}=0.35$，$p_{dd}=0.15$(De Bilt)。

(8) 室外短波标准太阳辐射散射系数 f_{par}。

室外短波标准太阳辐射散射系数 f_{par} 可以用下式来表示：

$$f_{par}=\begin{cases}\max\left[\dfrac{p_{pa}-p_{pe}\cdot e^{\frac{p_{pf}}{\sin\beta_{sun}}}\cdot(1-e^{-p_{pb}\cdot\tau_{atm}\cdot p_{pc}})}{\zeta},0\right] & ,\forall\ sun_{up}=1\\ 0 & ,\forall\ sun_{up}=0\end{cases}$$

(2.132)

式中：参数 $p_{pa}=2.9$，$p_{pb}=4.9$，$p_{pc}=0.51$，$p_{pe}=0.84$，$p_{pf}=0.033$，$\zeta=4.59\ \mu mol\cdot J^{-1}$。

$$sun_{up}=\begin{cases}1, & \sin\beta_{sun}>10^{-3}\\ 0, & \sin\beta_{sun}\leqslant 10^{-3}\end{cases} \tag{2.133}$$

（9）棚膜的散射透光率 $\tau_{dif\ R}$。

$$\tau_{dif\ R}=0.8 \tag{2.134}$$

（10）棚膜的直射透光率 $\tau_{dir\ R}$。

$$\tau_{dir\ R}=0.85\times(1-e^{-0.083\cdot\frac{360}{2\pi}\cdot\beta_{sun}}) \tag{2.135}$$

2. 棚膜吸收的短波辐射

棚膜吸收的短波辐射 Q_{rd_f} 可以表示为

$$Q_{rd\_f}=A_f\cdot\eta_{f\_Is}\cdot I_o \tag{2.136}$$

式中：A_f 为棚膜表面积；η_{f_Is} 为棚膜的短波辐射吸收系数；I_o 为室外的太阳短波辐射。

棚膜的短波辐射吸收系数 η_{f_Is} 表示为

$$\eta_{f\_Is}=0.02\tau_{f\_Is} \tag{2.137}$$

式中：τ_{f_Is} 为棚膜的短波透过率，其可以表示为

$$\tau_{f\_Is}=f_{dif}\cdot\tau_{dif\ R}+(1-f_{dif})\cdot\tau_{dir\ R} \tag{2.138}$$

3. 散热片吸收的短波辐射

散热片吸收的短波辐射 Q_{rd_ch} 可以表示为

$$Q_{rd\_ch}=A_{ch}\cdot\eta_{ch\_Is}\cdot I_o \tag{2.139}$$

式中：A_{ch} 为棚膜表面积；η_{ch_Is} 为棚膜的短波辐射吸收系数；I_o 为室外的太阳短波辐射。

棚膜的短波辐射吸收系数 η_{ch_Is} 表示为

$$\eta_{ch\_Is}=0.5\cdot\tau_{f\_Is}\cdot(1-\beta_{ch\_Is}) \tag{2.140}$$

式中：$\beta_{ch\_Is}=0.83$。

4. 作物冠层吸收的短波辐射

作物冠层吸收的短波辐射 Q_{rd_c}，可以表示为

$$Q_{rd\_c}=A_s\cdot\eta_{c\_Is}\cdot I_o \tag{2.141}$$

式中：A_s 为土壤的表面积；η_{c_Is} 为冠层的短波辐射吸收系数，其表示为

$$\eta_{c\_Is}=\tau_{f\_Is}\cdot(1+\tau_{c\_Is}\cdot\beta_{s\_Is})\cdot(1-\tau_{c\_Is}-\beta_{c\_Is}) \tag{2.142}$$

式中：β_{c_Is} 为冠层的太阳短波辐射反射系数；τ_{c_Is} 为冠层的短波辐射透光率；β_{s_Is} 为土壤的太阳短波辐射反射系数。

冠层的太阳短波辐射反射系数 β_{c_Is}，可以表示为

$$\beta_{c\_Is}=(1-\tau_{c\_Il})\cdot\beta_{c\_Is\infty} \tag{2.143}$$

式中：$\beta_{c\_Is\infty}$ 为密集冠层的太阳短波辐射反射系数，$\beta_{c\_Is\infty}=0.12$；τ_{c_Il} 为冠层的长波辐射的透过率。

5. 土壤吸收的短波辐射

土壤吸收的短波辐射 Q_{rd_s}，可以表示为

$$Q_{rd\_s}=A_s\cdot\eta_{s\_Is}\cdot I_o \tag{2.144}$$

式中：A_s 为土壤的表面积；η_{s_Is} 为土壤的短波辐射吸收系数。

土壤的短波辐射吸收系数 η_{s_Is}，可以用下式计算得出：

$$\eta_{s\_Is}=\tau_{f\_Is}\cdot[\tau_{c\_Il}+(1-\tau_{c\_Il})\cdot\tau_{c\_Is}]\cdot(1-\beta_{s\_Is}) \tag{2.145}$$

式中：β_{s_Is} 为土壤的太阳短波辐射反射系数，$\beta_{s\_Is}=0.58$；τ_{c_Is} 为冠层的短波辐射透光率；τ_{c_Il} 为冠层的长波辐射的透过率。

其中，τ_{c_Is} 可以通过对冠层短波辐射的消光系数 k_{c_Is} 和叶面积指数 LAI 来计算得到。

$$\tau_{c\_Is}=e^{-k_{c\_Is}\cdot LAI} \tag{2.146}$$

式中：对冠层短波辐射的消光系数 $k_{c\_Is}=0.48$。

（四）传导

A 与 B 之间（均匀介质中）因传导产生的热传递通量 Q_{A_B}，用方程表示为

$$Q_{A\_B}=A_{A\_B}\cdot\frac{\lambda}{d}\cdot(T_A-T_B) \tag{2.147}$$

式中：A_{A_B} 为换热面积；λ 为均匀介质中的热传导系数；d 为位置 A 和 B 之间的距离；T_A 和 T_B 分别为 A 和 B 的温度。

土壤层从上层到下层的热传导 Q_{s_s2} 表示为

$$Q_{s\_s2}=A_s\cdot\frac{\lambda_s}{dx_s}\cdot(T_s-T_{s2}) \tag{2.148}$$

式中：A_s 为土壤的表面积；λ_s为土壤的导热系数，$\lambda_s=0.85\ \mathrm{W\cdot m^{-1}\cdot K^{-1}}$；$dx_s$ 为上层土壤层和土壤层分中心之间的距离；T_s和 T_{s2} 分别为上层土壤层和土壤层分中心的温度。

土壤层分中心的温度 T_{s2} 可以用下式来计算：

$$T_{s2}=T_0+15+2.5\sin[1.72\times10^{-2}\times(\mathrm{day}-140)] \tag{2.149}$$

（五）潜热交换

潜热交换是指在水分输送过程中由于水分相变所引起的热量交换过程，与显热交换不同的是，潜热交换不依赖于温度差进行。

1. 棚膜上冷凝水引起的潜热交换

温室内空气到棚膜内侧的冷凝水引起的潜热交换 $Q_{a\_fi\_H_2O}$ 可以表示为

$$Q_{a\_fi\_H_2O}=r_w\cdot\Phi_{m\_a\_fi\_H_2O} \tag{2.150}$$

式中：r_w 为水的蒸发热系数，$r_w=2.26\times10^6\ \mathrm{J\cdot kg^{-1}}$；$\Phi_{m\_a\_fi\_H_2O}$ 为由于冷凝作用从室内空气到棚膜内侧的水蒸气的质量流量。

2. 冠层上冷凝水引起的潜热交换

从冠层到室内空气上的冷凝水引起的潜热交换 $Q_{c\_a\_H_2O}$ 可以表示为

$$Q_{c\_a\_H_2O}=r_w\cdot\Phi_{m\_c\_a\_H_2O} \tag{2.151}$$

式中：r_w 为水的蒸发热系数；$\Phi_{m\_c\_a\_H_2O}$ 为由于冷凝作用从冠层到室内空气上的水蒸气的质量流量。

五、通风模型

温室的通风主要是通过风口进行的，但也存在一定量的泄漏通风。通过风口进行的空气交换取决于温室内外的温差和室外的风速。本部分给出的方程是源于 De Jong1990 年的论文。

通气导致二氧化碳、水汽和热的交换。这些分别在本节第二、三、四部分中描述。

通过窗户和缝隙泄漏的空气体积流量 Φ_{as_o} 可以表示为

$$\Phi_{as\_o}=\Phi_{leak}+\Phi_{win} \tag{2.152}$$

式中：Φ_{leak} 为通过缝隙泄漏的空气体积流量；Φ_{win} 为通过窗户泄漏的空气体积流量。

通过缝隙泄漏的空气体积流量 Φ_{leak} 可以表示为

$$\Phi_{leak}=A_s\cdot(8.3\times10^{-5}+3.5\times10^{-5}v_o f_a) \tag{2.153}$$

式中：A_s 为土壤的表面积；v_o 为室外的风速；f_a 为缝隙泄漏系数。

通过窗户泄漏的空气体积流量 Φ_{win} 可以表示为

$$\Phi_{win}=\sqrt{\Phi_{wind}^2+\Phi_{\Delta T}^2} \tag{2.154}$$

式中：Φ_{wind} 为风引起的空气体积流量；$\Phi_{\Delta T}$ 为温室内外温差引起的空气体积流量。

风引起的空气体积流量 Φ_{wind} 可以表示为

$$\Phi_{wind}=v_o\cdot f_{sd}\cdot L_1\cdot L_2 \tag{2.155}$$

式中：f_{sd} 为通风功能系数；L_1 和 L_2 分别为风口的长度和宽度。

通风功能系数 f_{sd} 表示为

$$f_{sd}=c_{sd3}\cdot \mathrm{Ap}_{sd}^3-c_{sd2}\cdot \mathrm{Ap}_{sd}^2+c_{sd1}\cdot \mathrm{Ap}_{sd}+c_{sd0} \tag{2.156}$$

式中：$c_{sd0}\sim c_{sd3}$ 为系数；Ap_{sd} 为风口的控制输入，$\mathrm{Ap}_{sd}\in[0,1]$。

温室内外温差引起的空气体积流量 $\Phi_{\Delta T}$ 可描述为

$$\Phi_{\Delta T}=\frac{1}{3}\cdot c_w\cdot L_1\cdot\sqrt{\left|g\cdot\frac{T_o-T_a}{T_o}\right|}\cdot L_{win\_sd}^{1.5} \tag{2.157}$$

式中：L_1 为风口的长度；c_w 为通过风口的流量系数；g 为重力加速度；L_{win_sd} 为风口开口的垂直投影长度；T_a 和 T_o 分别为温室内外的空气温度。

风口开口的垂直投影长度 L_{win_sd} 表示为

$$L_{win\_sd}=L_2\cdot\cos\gamma\cdot \mathrm{Ap}_{sd} \tag{2.158}$$

式中：L_2 为风口的宽度；γ 为屋顶与水平面的夹角。

六、模型的验证

本节建立的温室环境模型与本章第一节建立的作物模型共同作为温室环境的最优控制。循环优化控制器的控制周期 t_f 设计为一天。采用作物模型，已知的控制输入变量 u 和已知的外部输入变量 v 的模拟温室进行模型的验证。由此产生的模拟数据与在北京农业职业学院南校区 10 号温室采集的实测数据进行比较，对温室作物模型进行验证。

采用的参数为同一天内(170418)采集的数据。

模拟状态与实测状态的对照如图 2.8 所示。从这些结果可以看出，室内空气温度 T_a 和作物温度 T_c、室内空气湿度 $C_{a\_H_2O}$ 拟合性较好。二氧化碳浓度 $C_{a\_CO_2}$ 的拟合性稍差，尤其是在夜间。

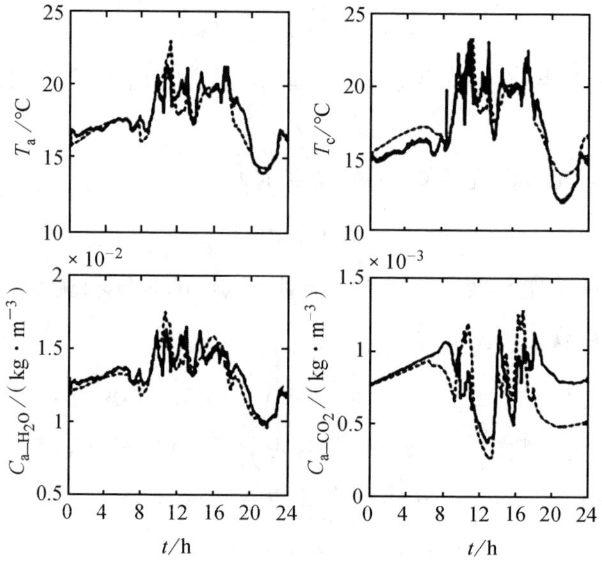

图 2.8 模拟状态与实测状态的对照

模拟值和测量值之间的平均差和标准差见表 2.8。

表 2.8　模拟值和测量值之间的平均差和标准差

日期		ΔT_a	ΔT_c	$\Delta C_{a\_H_2O}$	$\Delta C_{a\_CO_2}$
170418	平均值	0.2(0.8)	0.5(1.2)	0.2(0.8)	1.8(4.4)
	白　天	0.4(1.1)	0.1(1.1)	0.1(1.1)	1.1(4.9)
	晚　上	0.1(0.3)	1.1(0.6)	0.2(0.5)	2.7(2.8)

此外，从测得的数据观察知：

(1) 屋顶内侧的空气温度 T_{fi} 和室内空气温度 T_a 与室外空气温度 T_o 密切相关，在夜间(不通风)很接近室外空气温度 T_o，而在白天(通风)是室内空气温度 T_a 和室外空气温度 T_o 的平均值。

(2) 室内空气温度 T_a 和作物温度 T_c 之间的差值小于 2 ℃。

(3) 室外太阳短波辐射 I_o 和室内空气温度 T_a 的变化时间约为 5 min。

(4) 二氧化碳供应和二氧化碳浓度变化的时间约为 18 min。

第三节　日光温室节能降耗控制策略研究

传统的温室控制器几乎都是不惜成本地以满足环境因子的性能指标为最终控制目的，在此前提下对一系列控制动作阵列进行求解，而维持此性能最优所要消耗的成本或运行时所消耗的能量往往被忽略考虑。从实际生产的角度而言，能量消耗已经成为制约温室技术发展的瓶颈问题，这也是造成温室控制装置难以推广应用的重要原因。

温室环境控制既要使温室环境因子在促进作物最佳生长状态的范围内，又要考虑节能降耗等经济性问题，因此可以看成是一个多目标复杂系统控制问题。本章提出的控制方法其首要目的是使温室能量消耗和运行成本最小化，同时尽可能使其控制器性能保持在一个可满足控制要求的范围之内。

用模型预测控制方法的最大优点就是可以灵活地选择目标函数并进行定义，在此选择温室运行时的能量消耗函数作为控制器的目标函数。采用滚动优化控制模拟全年是一个巨大的计算问题。为了能显著减少计算时间，采用网格搜索法来代替梯度搜索法。

滚动时域优化控制(RHOC)是模型预测控制的一种形式,被广泛地应用于工业过程控制,在温室控制中显示出良好的适用性,Van Henten 发现以 RHOC 可以显著提升温室气候管理效率,并可以改进控制结果。通过天气的预测和模型描述温室、作物实时的动态行为,可以模拟对温室环境控制变化的影响。最优控制的性能在很大程度上取决于控制系统建模处理和预报误差的能力。

一、滚动时域控制原理

滚动时域控制的原理是利用模型的预测来确定控制输入的反馈控制形式。它的当前控制动作是在每一个采样瞬间通过求解一个有限时域开环最优控制问题而获得。过程的当前状态作为最优控制问题的初始状态,解得的最优控制序列只实施第一个控制作用。滚动时域控制原理如图 2.9 所示。

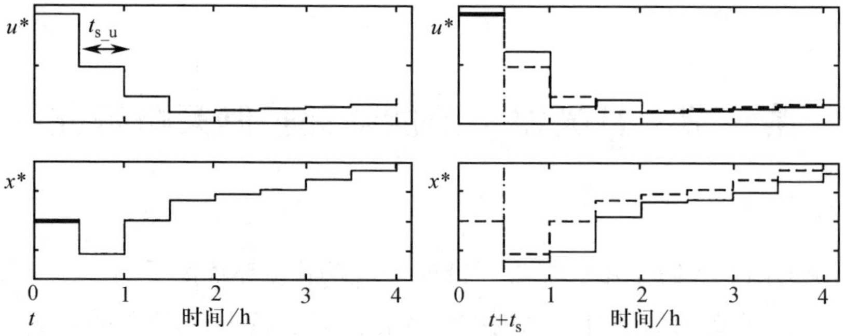

(a) 时间 t 的 u 和 x　　(b) 时间 $t+t_0$ 的 u 和 x

图 2.9　滚动时域控制原理

初始状态值 x_0 是由温室系统模型根据天气预报得到的。在每一采样时刻,采集系统当前状态作为初始状态,通过与初始状态 x_0 和预期的外部输入 v 的模型对系统状态进行模拟计算,从而对系统状态进行预测,并将求解最优控制的控制信号实际作用到系统中,重复以上过程。对于含状态约束和输入约束等限制的系统,滚动时域控制是一种有效的控制方法。

二、滚动时域优化控制器时间间隔的确定

最优的控制输入(控制器的开关)由控制时域 t_f 确定,同时,最小化成本由

成本函数定义。这些最优控制输入由模型中的温度、湿度和 CO_2 浓度等因子决定。

滚动优化控制器使用的时间间隔,定义如下。

t_f　控制时域:计算最优控制输入轨迹的时间间隔。

t_{s_u}　$u*$ 时间间隔:计算最优控制输入变量 u 保持分段常数的时间间隔。

t_s　RHOC 采样间隔:RHOC 计算器的时间间隔(时移)。

控制时域 t_f 的选择取决于计算时间、最优控制输入的时间间隔 t_{s_u} 和天气预测的时间跨度。在日光温室中,环境因子在白天是快速波动的,这就要求时间间隔 t_s 和 t_{s_u} 要小于 1 h 作物的生长发育是长期的,积温时间为 6 天(5 天为过去,1 天在将来)。时间间隔(t_s,t_{s_u})过小或控制时域(t_f)过长会导致计算时间过长,为了满足控制的需要,这里选择的控制时域 t_f 为 86 400 s(1 天),控制输入的时间间隔 t_{s_u}为 1 800 s(30 min),采样间隔 t_s 为 1 800 s(30 min)。

三、成本函数

节能降耗的控制是基于成本函数的最优控制输入的计算。控制方案包括执行机构的执行情况及其结果(如温度、湿度和 CO_2 浓度),优化的成本函数。目的是减少化石能源消耗,保持温度和相对湿度在一定范围内,同时最大限度地提高生物量。在成本函数中,成本是指对能源的消耗。

成本函数的一般形式为

$$J(u)=\varphi(x,t_f)+\int_{t_0}^{t_f}L(x,u,t)\mathrm{d}t \tag{2.159}$$

式中:φ 为终端成本;L 为补偿函数。

终端成本 φ 是由产生物质 W 和积温 ST,在控制时域 t_f 结束后来确定。

$$\varphi(x,t_f)=\varphi_W(x,t_f)+\varphi_{TI}(x,t_f) \tag{2.160}$$

其中,

$$\varphi_W(x,t_f)=-c_W\cdot[W(t_f)-W(t_0)] \tag{2.161}$$

$$\varphi_{TI}(x,t_f)=c_{TI}\cdot|\Delta T_{a\_TI}(t_f)| \tag{2.162}$$

式中:c_W 和 c_{TI} 分别为生物量和积温的权重因子。终端成本 φ_W 最好是负的,φ_{TI} 应该为 0。

补偿函数 L 表示为

$$L(x,u,t)=L_{Ta}(x,u,t)+L_{RHa}(x,u,t)+L_{TI}(x,u,t)+L_{aq}(x,u,t)+L_{Q}(x,u,t) \tag{2.163}$$

对于温度的补偿 L_{Ta}，对于湿度的补偿 L_{RHa}，对于积温的补偿 L_{TI}，对于全热回收系统的能量含量的补偿 L_{aq}，表示为

$$L_x(x,u,t)=\frac{c_x}{2}\cdot\left\{\sqrt{[x_{min}-x(t)]^2+\beta}+\sqrt{[x_{max}-x(t)]^2+\beta}-(x_{max}-x_{min})\right\} \tag{2.164}$$

式中：$\beta=1\times10^{-3}$；c_x 为与超过边界值 x_{min}、x_{max} 相关联的权重因子。

每平方米的能源使用量 Q_{used} 为

$$Q_{used}=\frac{Q}{A_s} \tag{2.165}$$

式中：Q 为消耗的能源；A_s 为土壤面积。

对能源消费的补偿 L_Q 表示为

$$L_Q(x,u,t)=c_Q\cdot Q_{used} \tag{2.166}$$

式中：c_Q 为能源消费的权重系数。

根据这里给出的补偿和终端成本，L_Q 代表能源的补偿，L_{aq} 代表全热回收系统的补偿，所有其他的补偿（L_{Ta}，L_{RHa}，L_{TI}）和终端成本（φ_W，Φ_{TI}）都是作物生长发育的重要代表条件。

四、控制策略设计

传统的温室控制，是根据预先设计的控制规则和控制目标（如加热和通风温度），依据 PID（proportional-integral-derivative）控制器的运算结果，来确定各类执行设备的工作状态。本研究使用的温室气候模型中所依据的是实际的控制输入状态。一些控制输入通过最优控制计算得出，而其他的控制输入由其他控制输入、外部输入或状态来确定。

在进行控制策略的选择时，应遵循以下原则：

（1）加热和冷却不应该发生在同一时间。

（2）当加热时，第一选择是全热回收系统供热，第二选择是散热片供热。

(3) 当需要降低湿度而不降低温度时，应使用全热回收系统。

(4) CO_2 供应只能在日间进行。

1. 最优控制决定的控制输入

散热片阀门的位置(vp_{ch})、全热回收系统开关的位置(vp_{hr})、卷膜机开关(Cl_{sf})这些控制输入由最优控制决定。

2. 直接来自其他输入的控制输入

CO_2 供应的阀门位置(vp_{CO_2})和保温被关闭状态(Cl_{hp})是由其他控制输入、外部输入或状态直接确定。

3. 初始控制输入

利用共轭梯度算法，对采样间隔 t_s 重复优化。从初始值 u_0 控制输入的轨迹进行优化和改变这些值，直到最小成本函数值 J 被发现。因为控制时域 t_f 是一天，控制输入的初始值在一天中保持不变。

本章提出的以减少能耗为目的的温室模型预测控制方法，根据实际控制装置的能量消耗情况定义了目标函数。该控制器可以灵活地定义目标函数，可以实现温室温度和湿度在约束范围内变化而使系统所消耗的能量最小，因此可以保证控制器高性能运行的同时降低成本。

第三章

日光温室环境自动监控系统设计与试验

根据我国北方气候特点和自然环境条件，以温室为控制对象，研制了一套性能优良、稳定可靠、价格低廉的自动监控系统。该系统以AT89S52单片机为核心，结合组态技术，以空气温湿度、土壤湿度、光照度、CO_2浓度为控制对象。其具体包括以下几项主要内容：

(1) 系统总体设计。在对系统控制目标、控制对象、实施场合综合分析的基础上，确定合理的设计方案，并对软件和硬件的各子系统、各模块的功能进行划分，形成系统总体模型。

(2) 上位机软件设计。上位机软件采用组态王软件设计，可以实现数据的采集与查询、执行元件的控制、现场的视频监控等功能。

(3) 硬件设计与下位机软件。按照"可靠廉价"的原则，设计数据采集、超线程报警、通信接口等电路，选择适合的元器件，构建符合要求的硬件系统；下位机软件采用C语言编写，可脱离上位机软件独立运行，可以实现数据采集、元件控制等功能。

拟采用技术路线的流程图如图3.1所示。

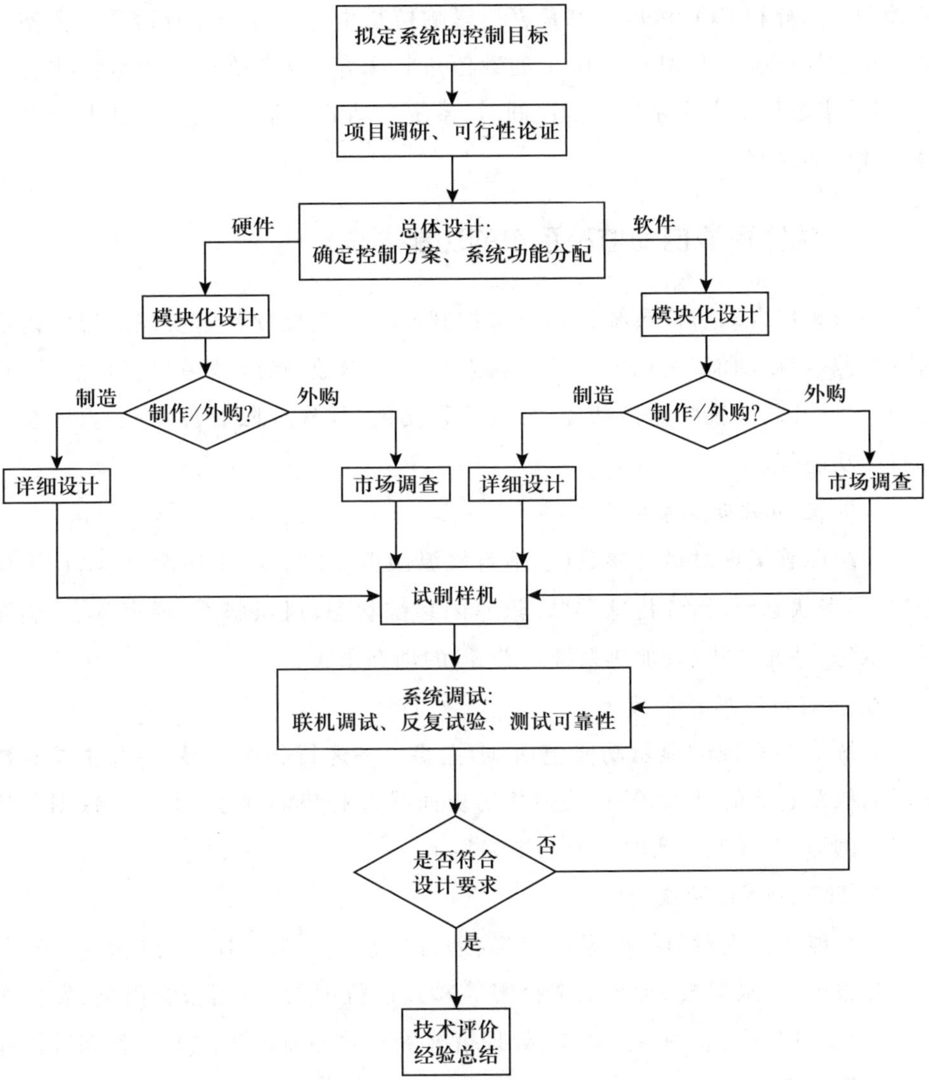

图 3.1　拟采用技术路线的流程图

第一节　日光温室自动监控系统总体方案设计

植物的生长除了自身遗传特性以外,与环境因子的变化密切相关。光照度、温度、水分和 CO_2 浓度等都是直接影响植物生长发育的生存因子。温室环境自动监控系统就是对这些因子的数值进行采集，与系统设定的数值进行比较，当采集数值不在设定数值的区间时，系统启动调节装置，直至采集数值落入设定数值的区间。

一、温室环境自动监控系统的功能要求

温室环境自动监控系统是在温室控制面板和监控软件上实现对温室内设备的监测、控制功能，实现监视温室状态和运行参数、接收故障报警信息、下达控制信号，并具有视频监控功能、分级报警功能、操作权限管理功能、报表统计和打印功能等。

1. 状态与数据采集功能

系统能够实现对运行参数（包括空气温湿度、光照度、土壤湿度、CO_2 浓度等）和温室状态（包括各传感器状态、遮阳系统状态、风机状态、湿帘状态、滴灌系统状态、补光灯状态、加热系统状态等）的动态采集。

2. 状态与数据显示功能

系统能够实现的显示功能包括：①主要设备运行状态的显示；②主要参数实时曲线及趋势的显示；③相关参数历史曲线及趋势的显示；④历史数据及特种记录的显示；⑤温室实时工况的视频显示。

3. 报警和事件功能

系统能够实现对监控的温室状态、运行参数的异常工作状态进行报警（包括偏差报警、超限程报警、变化率报警等），并进行记录（包括报警类型、发生时间、报警变量名称、监测参数数据、处理措施等），并能自动生成异常状态数据库以供查询。

此外，系统还可以对发生事件（包括操作事件、登录事件、工作站事件、应用程序事件）进行报告。

4. 存储功能

系统能够实现对各种监控数据、各种报警和事件、各种控制方案数据的存储。

5. 查询功能

系统能够实现对各种监控参数的历史数据、各种监控参数的曲线及趋势、

各种报警和事件、各种控制方案数据的查询。

6. 报表及打印功能

系统能够实现各种报表(包括报警和事件报表、实时曲线报表、历史曲线报表、控制方案数据报表)的自动生成打印。

二、系统总体方案设计

(一) 温室环境自动监控系统的一般结构

温室环境自动监控系统一般可以分为集中式和集散式两大类。

1. 集中式温室自动监控系统

集中式温室自动监控系统采用主机-终端模式，它是用以 STD 总线或者 PC 总线为基础的工业控制计算机来进行温室内的数据采集和监控报警。集中式温室自动监控系统在工业控制计算机内插入若干块 I/O 卡件，通过各传感器将测得的物理量转换成电压或者电流信号，送入数据采集卡，由计算机完成数据处理工作，需要控制时，由计算机输出控制信号，通过驱动装置驱动被控对象。

图 3.2 所示为以工业控制计算机为基础的集中式温室自动监控系统的结构框图。

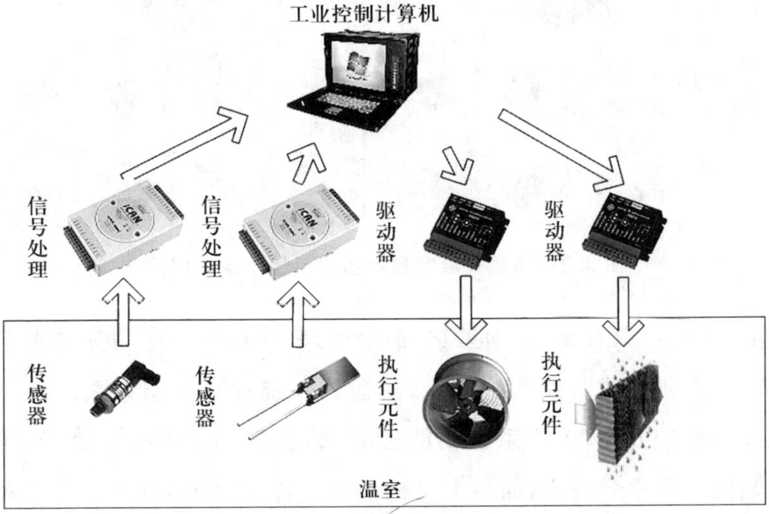

图 3.2　集中式温室自动监控系统的结构框图

从图 3.2 中可以看出，数据采集、信号处理、执行元件驱动等工作集中在一台计算机中，能够实现全局管理，操作简单，价格低廉，但是系统传送的大多数是非电量的物理信号或者微弱的电信号，抗干扰能力差、误差大、电缆成本高、安装维护不方便。而且数据采集、控制、图形画面显示等所有工作都由一台计算机完成，一旦 CPU 主板出现错误，则会导致整个系统瘫痪。

2. 集散式温室自动监控系统

集散式温室自动监控系统，也被称作分布式温室自动监控系统，采用服务器-客户端模式。它将整个系统的目标和任务按一定方式分配给若干个子系统，PC 机作为上位机仅实现辅助功能，脱离上位机，整个控制系统仍可独立工作，子系统之间也可进行信息交换。

图 3.3 所示为以集散式控制系统为基础的集散式温室自动监控系统的结构框图。

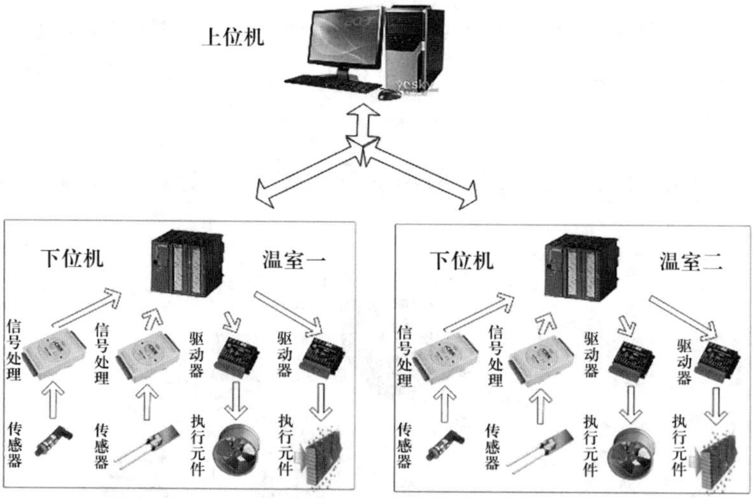

图 3.3　集散式温室自动监控系统的结构框图

从图 3.3 中可以看出，数据采集、信号处理、执行元件驱动等工作主要由下位机来完成，与集中式监控系统相比，集散式系统抗干扰能力强、误差小、电缆成本低、安装维护方便，各子系统功能独立，即使某一子系统失效，只会影响局部功能，故障范围不会扩大，而且上位机出现故障或退出运行时，各子系统仍然能够继续工作。

（二）温室环境自动监控系统的设计

智能温室环境复杂恶劣，监控变量多，惯性大，干扰强，设备出现故障的概率较大，宜采用集散式温室自动监控系统。集散式温室自动监控系统的上位机多采用工业控制计算机，下位机（智能控制器）多采用可编程控制器（PLC）或单片机构建。表 3.1 显示的是 4 种常用控制计算机的性能比较。

表 3.1　常用控制计算机的性能比较

比较项目	计算机类型			
	PC 机	单片机	PLC	工业控制机
系统功能	数据、图像、文字处理	简单逻辑，模拟量控制	逻辑控制为主，可配模拟量模块	逻辑和模拟量控制
硬件设计	无需设计	复杂	简单	简单
程序语言	多种语言	汇编语言、C 语言	梯形图	多种语言
软件开发	复杂	复杂	简单	较复杂
运行速度	快	较慢	慢	很快
带负载能力	差	差	强	强
抗干扰能力	差	差	强	强
成本	较高	很低	较高	很高

从表 3.1 中可以看出，基于工业控制机的控制系统硬件开发量小，软件组态方便，易于实现温室的群控和网络化管理，但是价格昂贵，安装费用和后续维修维护费用也较高，普通的农户难以承受。如采用 PC 机作为上位机，虽然性能较工业控制机差一些，但仍可满足要求，且成本仅为工业控制机的 1/4 左右。目前 PC 机在家庭中已经得到普及，这笔投资可以省去，而且随着互联网技术的发展，更易实现远程管理。

可编程控制器（PLC）控制力强、操作灵活方便、可靠性高、适宜长期工作，非常适合温室的控制要求。但是，温室控制多是模拟量输入和输出，通用 PLC 的模拟量输入和输出口数量有限，需要定制专用的 PLC 或采用扩展模块，因此投资很大，一般都会超过万元。如采用单片机作为下位机核心，固然需要开发接口电路和底层程序，但是系统成本优势依然明显，解决可靠性和防干扰的问题，系统控制精度高，响应速度快，完全可以满足温室控制系统的需求。

综合技术和成本等因素，拟采用集散式控制系统——PC机＋单片机系统。上位机为PC机，下位机以单片机为核心CPU，通过接口电路和驱动电路与各数据采集模块和执行元件构成控制系统，可独立运行，也可与PC机通过串口进行通信，受PC机控制。图3.4所示为PC机＋单片机系统的结构框图。

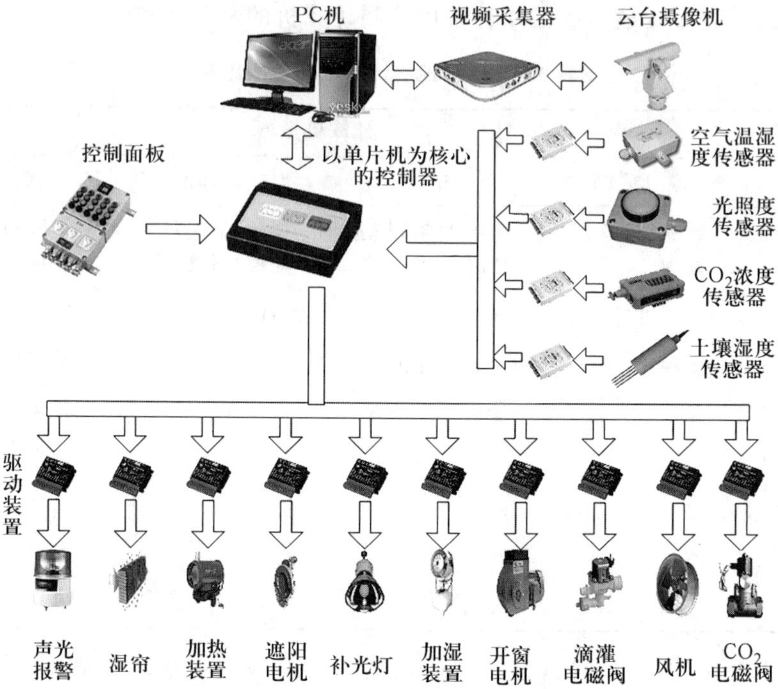

图3.4　PC机＋单片机系统的结构框图

从图3.4中可以看出，整个系统可以分为以下5个模块：

(1) 控制模块：由单片机、多通道信号输入电路、多通道信号输出电路、输入设备、控制平台、显示装置等组成，负责将数据采集模块采集的数据进行数据计算和逻辑判断，并根据分析结果，对驱动电路发出指令，实现对温室环境的监控。向上位机发送设备状态和数据信息，并根据上位机的指令对驱动电路下达指令。

(2) 数据采集模块：由各传感器、放大器、A/D转换器等组成，负责采集温室环境因子的采集，并将模拟信号转换为控制模块可识别的数字信号。

(3) 通信模块：采用串口实现上位机和下位机之间的通信，在上位机软件上动态显示和记录系统各设备的运行状态和温室环境因子的数值，并可通过监控软件进行设定参数的修改。

(4) 驱动模块:由各驱动电路组成,负责在控制信息的作用下提供动力,驱动各执行机构完成各种动作和功能,实现对温室环境的控制。

(5) 视频监控模块:由视频采集卡、数码摄像机、云台控制器组成,负责对系统各设备的运行状态进行视频监控,避免意外的发生。

第二节　系统上位机软件设计

一、上位机软件拟实现的功能

上位机监控软件是与用户直接对话的窗口,它在 PC 机 Windows 平台上运行,既要对温室进行实时的监控,又要向用户提供控制的方案与建议。其具体的功能如下:

(1) 实时监控:用户通过监控软件可以实现温室内各环境因子实现数据的采集与显示,实现对各传感器和设备的运行状态的显示,通过视频监控界面还可以实现温室现场工况的实时观察。

(2) 参数设置:用户通过监控软件可以实现温室环境因子的目标控制参数的实时修改和设置。

(3) 专家指导:用户通过监控软件可以实现对不同作物、不同生长阶段控制方案的查询,并可得到控制方案的建议。

(4) 数据查询:用户通过监控软件可以实现温室各运行参数的实时曲线、历史曲线的查询。

(5) 事件报警:用户通过监控软件可以实现温室运行中异常情况的报警和对特殊事件的记录。

二、上位机软件开发工具的选择

目前,软件的开发方法有多种,既可用 VB、VC 等可视化编程工具开发,也可直接利用工业组态软件来编制上位机程序。温室环境自动监控系统变量较多，功能要求齐全，所以选用工业组态软件来开发。当下常用的组态软件有InTouch、iFIX、组态王(KingView)、紫金桥、图灵开物(ControX)等。表3.2给出了常用组态软件的性能比较。

表3.2　常用组态软件的性能比较

组态软件	InTouch	iFIX	KingView	ControX
优点	品牌知名度高，在用户心中的认可度高；系统稳定，使用方便，画面组态部分较好；文档完备，驱动丰富	品牌知名度高；系统稳定，技术先进，支持VBA脚本，产品技术含量高；产品结构合理，系统开放性强，包括其IO驱动直接支持OPC接口；文档完备，驱动丰富	品牌知名度高，是国外组态软件的替代品；提供了资源管理器式的操作主界面，并且提供了以汉字作为关键字的脚本语言支持；驱动丰富而且比较可靠；办事处多，本地化服务能力强；价格便宜	在市场的宣传、推广方面较好；对销售队伍的管理和考核比较完善，销售人员的跟踪能力比较强；有嵌入式产品
缺点	产品价格偏高；缺乏符合国内习惯的报表系统	产品价格偏高，技术支持、服务较差	组态王的Web发布功能不支持控件的发布	产品效率较低，稳定性较差；数据处理和运算功能相对较弱

从表3.2中可以看出，组态王基于Microsoft Windows操作系统，适用于从单一设备的生产运营管理和故障诊断，到网络结构分布式大型集中监控管理系统的开发，性价比高，各项功能比较完善，适合国内用户的使用习惯。因此，采用组态王开发温室环境自动监控系统的上位机软件。

组态王是针对中小型项目推出的一款用于监视与控制自动化设备和过程的SCADA产品，它融过程控制设计、现场操作及工厂资源管理于一体，将一个企业内部的各种生产系统和应用及信息交流汇集在一起，实现最优化管理。

组态王软件结构由工程管理器、工程浏览器及运行系统3部分构成。

(1) 工程管理器是工程的管理维护工具，用于新工程的创建和已有工程的管理，可以实现已有工程的搜索、添加、备份、恢复及数据词典的导入和导出等功能。

(2) 工程浏览器是工程的开发设计工具，具有监控画面的创建、监控设备及相关变量的定义、动画的连接以及运行系统的配置等功能。

(3) 运行系统是工程的运行工具,用于采集设备中通信数据的获取,并可依据工程浏览器的动画设计实现动态画面的显示、人与控制设备的交互操作等功能。

三、上位机软件的开发

使用组态王 KingView 平台开发一个上位机软件的大致步骤如图 3.5 所示。

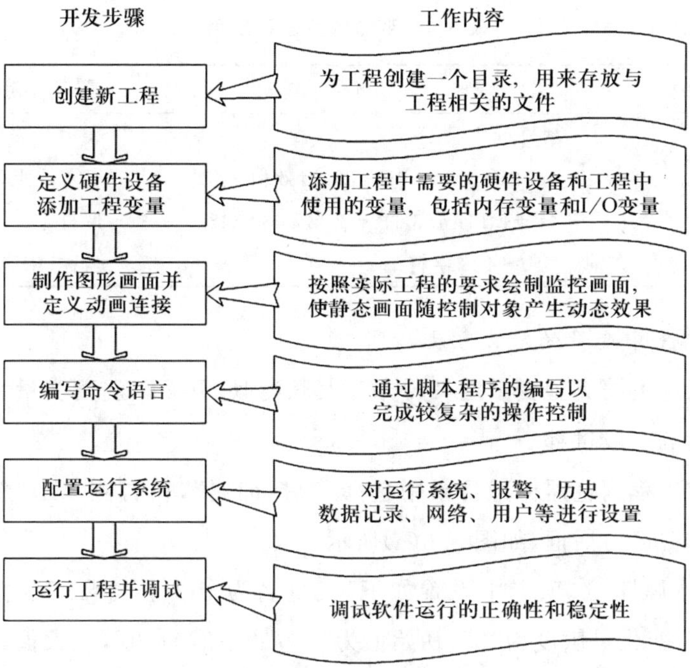

图 3.5　开发上位机软件大致步骤

因开发的具体步骤复杂而烦琐,下面仅就其中核心部分予以说明。

(一) 变量的定义

1. 组态王中变量的分类

在组态王中,变量的基本类型共有 I/O 变量和内存变量两类,其特性和应用见表 3.3。

表 3.3　I/O 变量和内存变量的特性和应用

变量名称	特性	应用
I/O 变量	可与外部数据采集程序直接进行数据交换的变量，上位机或下位机改变，另外一方也会发生相应的更新	温度、湿度、光照强度和 CO_2 浓度等参数，以及各传感器状态、各控制开关状态、各设备的运行状态等
内存变量	不需要和其他应用程序交换或从下位机得到数据，只在组态王内需要的变量	计算过程的中间变量

变量按照数据类型又可分为离散型、实数、整数和字符串型变量，其取值和应用见表 3.4。

表 3.4　变量的取值和应用

变量名称	取值	应用
离散变量	0 或 1	表示开关量
实数变量	10E－38～10E＋38，有效值 7 位	表示浮点数据
整数变量	－2 147 483 648～2 147 483 647	带符号的整型数据
字符串型变量	0～128 字符	名称、密码

2. 组态王中变量的定义方法

组态王中不同类型变量定义的方法大概类似，下面以温度变量为例介绍一下变量定义的一般过程。

首先在工程浏览器树型目录中选择“数据词典”，在右侧双击“新建”图标，弹出“定义变量”对话框，如图 3.6(a)所示。

在“基本属性”选项卡中设置如下：变量名为“IO 空气温度”，变量类型为“I/O 实数”，变化灵敏度为“0”，初始值为“0”，最小值为“0”，最大值为“100”，最小原始值为“0”，最大原始值为“100”，转换方式为“线性”，连接设备为“AT89S52”，寄存器为“X1”，数据类型为“BYTE”，采集频率为“2 000 毫秒”，读写属性为“只读”，设置完成后单击“确定”。

在“报警定义”选项卡中设置如下：报警组名为“温室”，并设定报警限如图 3.6(b)所示。

在“记录和安全区”选项卡中，选择“数据变化记录”。

依据此种方法可完成所用变量的定义，变量的主要参数见表 3.5。

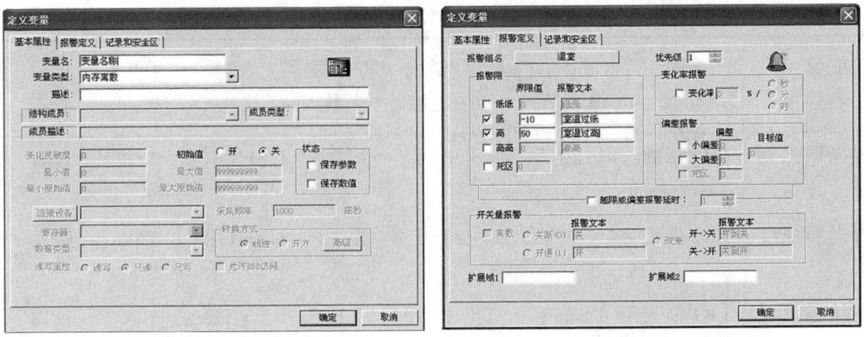

（a）“基本属性”选项卡　　　　（b）“报警定义”选项卡

图 3.6　温度变量的设置

表 3.5　变量配置表

变量名称	变量类型	最小/最大值	最小/最大初始值	寄存器名称	数据类型	采集频率/ms	读写状态	报警组名
IO 空气温度	I/O 整数	0～100	0～100	X1	BYTE	2 000	只读	温室
IO 空气湿度	I/O 整数	0～100	0～100	X2	BYTE	2 000	只读	温室
IO 光照强度	I/O 整数	0～20 万	0～20 万	X3	BYTE	2 000	只读	温室
IO 土壤湿度	I/O 整数	0～100	0～100	X4	BYTE	2 000	只读	温室
设置空气温度	I/O 整数	0～100	0～100	X100	USHORT	1 000	读写	设置
设置空气湿度	I/O 整数	0～100	0～100	X110	USHORT	1 000	读写	设置
设置土壤湿度	I/O 整数	0～20 万	0～20 万	X120	USHORT	1 000	读写	设置
设置光照强度	I/O 整数	0～100	0～100	X130	USHORT	1 000	读写	设置
设置空气温度上限	I/O 整数	0～100	0～100	X101	USHORT	1 000	读写	设置
设置空气温度下限	I/O 整数	0～100	0～100	X102	USHORT	1 000	读写	设置
设置空气湿度上限	I/O 整数	0～100	0～100	X111	USHORT	1 000	读写	设置
设置空气湿度下限	I/O 整数	0～100	0～100	X112	USHORT	1 000	读写	设置
设置土壤湿度上限	I/O 整数	0～100	0～100	X121	USHORT	1 000	读写	设置
设置土壤湿度下限	I/O 整数	0～100	0～100	X122	USHORT	1 000	读写	设置

续表 3.5

变量名称	变量类型	最小/最大值	最小/最大初始值	寄存器名称	数据类型	采集频率/ms	读写状态	报警组名
设置光照强度上限	I/O 整数	0～20 万	0～20 万	X131	USHORT	1 000	读写	设置
设置光照强度下限	I/O 整数	0～20 万	0～20 万	X132	USHORT	1 000	读写	设置
开关状态 IO	I/O 整数	0～255	0～255	X14	BYTE	1 000	读写	开关
手动状态	内存离散	0,1	1					温室
风扇开关	内存离散	0,1	0					温室
滴灌开关	内存离散	0,1	0					温室
遮阳开关	内存离散	0,1	0					温室
开窗开关	内存离散	0,1	0					温室
加湿开关	内存离散	0,1	0					温室
补光开关	内存离散	0,1	0					温室
加热开关	内存离散	0,1	0					温室
加热开关	内存离散	0,1	0					温室
急停开关状态	内存离散	0,1	0					温室
配方空气温度	内存实数	0～100	0～100					配方
配方空气湿度	内存实数	0～100	0～100					配方
配方光照强度	内存实数	0～20 万	0～20 万					配方
配方土壤湿度	内存实数	0～100	0～100					配方

（二）组态画面的创建

组态画面参考成熟软件的设计风格，设计了直观的菜单和按钮，可以实现各项功能，运行稳定可靠，显示美观大方，操作实用方便。

1. 登录界面设计

为了保证温室环境自动监控系统的安全运行，对系统设置了访问权限，同时给操作者分配了访问优先级和安全区，只有操作者的优先级大于对象的优先级且操作者的安全区在对象的安全区内时才可访问，否则不能访问。按照人员权限的不同，划分为管理员组、技术员组、操作员组，各组权限独立，分工明确。

设计系统登录界面如图 3.7 所示，右击“管理登录”，单击“动画连接”，弹出

“动画连接”对话框(图 3.8)，单击“弹起时”按钮，弹出“命令语言”对话框，输入命令语言“LogOn()”；用相应的方法，设置“进入系统”对应命令语言为“ShowPicture(‘温室状态’)”，设置“离开系统”对应命令语言为“ShowPicture(‘离开画面’)”。

图 3.7 系统登录界面

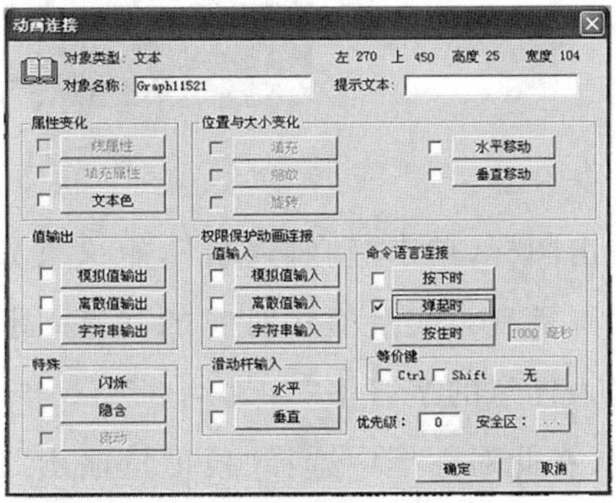

图 3.8 “动画连接”对话框

系统运行后，应首先进行登录操作，单击“管理登录”，弹出“登录”对话框(图 3.9)，选择相应的用户组名，输入事先设置的密码，单击“确定”，再单击“进入系统”，就可以登录到系统中了。单击“离开系统”，会弹出离开对话框(图 3.10)。

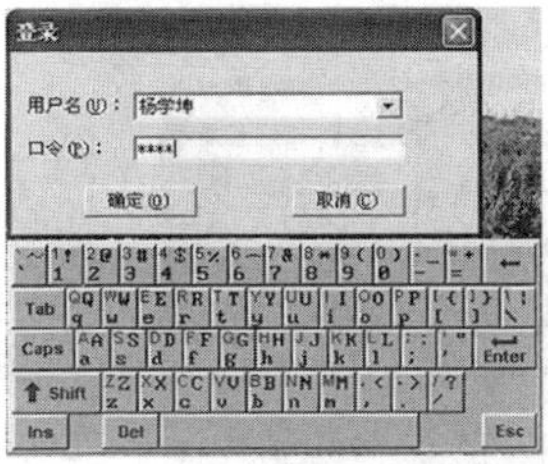

图 3.9 “登录”对话框

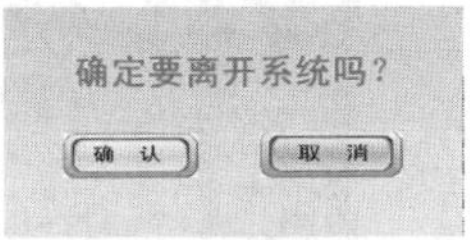

图 3.10 离开对话框

2. 温室状态界面设计

进入系统后，系统显示温室状态界面。本界面可以模拟实际的温室运转状况，可以观察空气温度等环境因子的实时参数，以及风机、遮阳幕、补光灯、滴灌等执行机构的运行状况。如果登录用户的权限为管理员级，界面上会显示“参数设置”链接。温室状态界面如图 3.11 所示。

本界面动画的设置大概类似，均是从图库中调用或自行开发，插入动画后，

图 3.11　温室状态界面

右击图标，单击“动画连接”，定义变量名与对应变量一致，当变量发生变化时，动画呈现与变量值相对应的状态；图中显示出光照强度等环境因子的实时值，输入任意的字符串“＃＃＃＃”，双击文本对象“＃＃＃＃”，弹出动画连接对话框，在此对话框中选择“模拟量输出”选项，弹出模拟量输出动画连接对话框，当系统处于运行状态时，在文本框“＃＃＃＃”中将显示环境因子的实时值。

3. 控制平台界面设计

进入系统后，如果登录用户的权限为管理员级，单击左侧菜单栏里的“控制平台”链接，即显示控制平台界面(图 3.12)。本界面可以观察系统的运转状态，各控制开关的状态，光照、土壤湿度等传感器的检测状态等，单击按钮可改变按钮状态，执行机构的动作也会相应地做出改变。

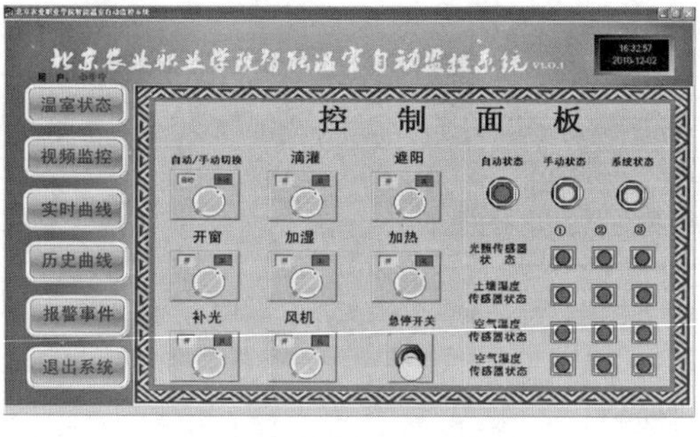

图 3.12　控制平台界面

设置开关时，打开图库管理器，在开关图库中选择相应图素，双击后在控制平台界面上单击鼠标，该图素出现在相应的位置。可拖动边框改变其大小，并在其上方标注相应文本。在画面上双击该图素，弹出该图库对象的动画连接对话框，在对话框中设置变量名为对应变量名，并设置打开和关闭开关时的颜色。

界面中指示灯的设置步骤与开关的设置步骤大体相同。

4. 参数设置界面设计

当系统登录人员隶属“系统管理员级”时，在温室状态画面可显示“参数设置”按钮，单击该按钮，可以进入参数设置界面(图 3.13)。本界面可调用系统提前设置好的控制方案，也可实时修改控制的目标值和上下限值，对系统的控制参数进行修改。

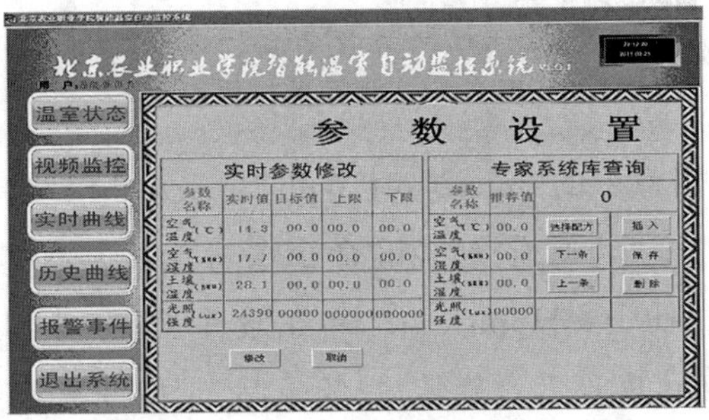

图 3.13 参数设置界面

在本界面的右侧，设置专家系统库查询区，采用组态王的配方管理功能来实现，在工程浏览器的目录显示区中，选中大纲项“文件”下的成员“配方”，在内容显示区中双击“新建”图标，从浮动式菜单中选择命令“新建配方”，则弹出“配方定义”对话框，可根据向导建立配方。配方的使用是通过使用配方命令语言函数实现的。配方命令语言函数的调用可通过建立操作按钮或是在命令语言中调用来实现。比如单击“选择配方按钮”，就可调用 RecipeLoad(“D:\\配方管理\\新配方 . csv”，recipeName)命令。通过配方功能，可以方便地实现控制方案的新建、修改、保存、删除、选择、调入等功能。

5. 视频监控界面设计

单击左侧菜单栏里的“视频监控”链接，可以进入视频监控界面(图 3.14)。本界面可以观察温室内的实时状态，通过单击按钮对云台实施控制，还可以进行全方位查看。通过设置，还可定时或在异常情形出现时录制视频并进行报警。

系统选用的是网络摄像机，采用 TCP/IP 标准协议，内置有 Web 服务器，界面中可以用“microsoft Web Browser”控件调用 IE 主页的方式来实现。将 IE 主页设置为摄像机的 IP 地址“192. 168. 0. 168”，选择工具箱中的工具，在画

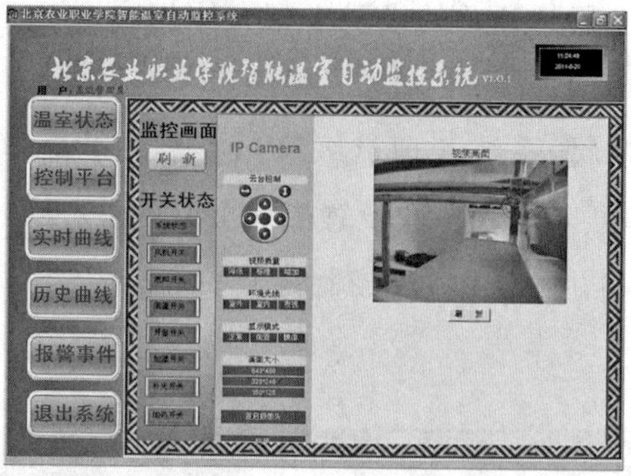

图 3.14　视频监控界面

面中插入通用控件窗口中的“microsoft Web Browser”控件，在界面中设置一个“打开”按钮，双击打开“动画连接”，在“命令语言连接”项的“弹起时”按钮中设置“命令语言”为“Ctrl0. GoHome();”，单击这个按钮就可以显示出监控画面了，通过相应的按钮可实现云台旋转、视频录制、录像调取等功能。

6. 实时与历史趋势曲线界面设计

单击左侧菜单栏里的“实时曲线”或“历史曲线”链接，可以进入“实时曲线”或“历史曲线”界面(图 3.15)。本界面可以观察各环境因子实时与历史的变化情况，为系统管理者提供数据支持。

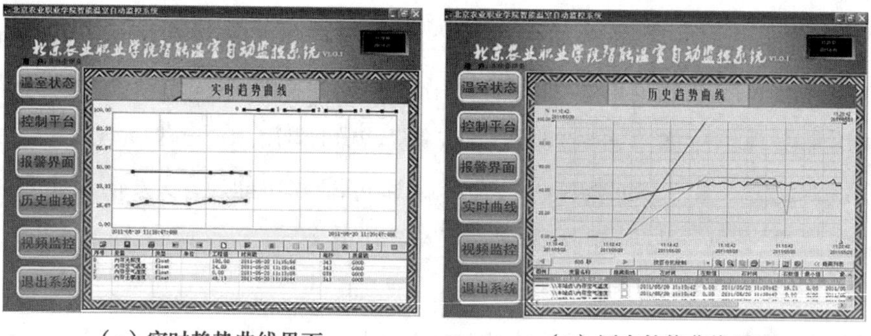

(a) 实时趋势曲线界面　　(b) 历史趋势曲线界面

图 3.15　实时与历史趋势曲线界面

在工具箱中单击“插入通用控件”，弹出“插入控件”对话框，在列表中选择“CkvrealTimeCurves Control”控件，单击“确定”按钮，对话框自动消失，鼠标箭头变为小“十”字形，在画面上选择控件的左上角，按下鼠标左键并拖动，画面上显示出一个虚线的矩形框，该矩形框为创建后的曲线的外框。当达到所需大小时，松开鼠标左键，则实时曲线控件创建成功，画面上显示出该曲线。在控件上单击右键，在弹出的快捷菜单中选择“控件属性”命令，弹出实时曲线控件的属性设置对话框，可以进行采集时间、添加曲线、设置对照曲线等设置。

7. 事件与报警界面设计

单击左侧菜单栏里的“报警事件”链接，可以进入“事件与报警”界面（图3.16）。本界面可以对环境因子超限、设备运转故障及用户对系统的修改动作等事件进行记录和报警，以便系统管理者进行及时的应对。

图 3.16　事件与报警界面

在事件与报警界面的工具箱中单击报警窗口按钮，鼠标箭头变为单线“十”字形，在画面上适当位置按下鼠标左键并拖动，绘出一个矩形框，当矩形框大小符合报警窗口大小要求时，松开鼠标左键，报警窗口就创建成功。双击报警窗口，弹出报警窗口配置属性页，可以进行操作属性、条件属性等设置。

“事件与报警”要正确显示，需要设置报警组。在组态王工程浏览器的目录树中选择“数据库\\报警组”，双击右侧的“请双击这儿进入＜报警组＞对话框…”，弹出报警组定义对话框，单击＜增加＞按钮，在当前选择的报警组节点下增加一个报警组。

在使用报警功能前，必须先要对变量的报警属性和操作事件进行定义。在组态王工程浏览器“数据库/数据词典”中新建一个变量或选择一个原有变量并双击它，在弹出的“定义变量”对话框上选择“报警定义”属性页，进行报警定义；在组态王数据词典中新建变量“操作事件”，选择“定义变量”的“记录和安全区”属性页，可以实现对事件的定义，包括用户登录事件、应用程序时间、工作站事件等。

（三）上位机软件与下位机系统的串口通信

串行接口技术简单成熟，性能可靠，价格低廉；所要求的软/硬件开发环境都很低，广泛应用于计算机及相关领域。目前，实现组态王与单片机的串口通信有 VC＋＋、ASCII、DDE 等多种通信方式。组态王提供了通用单片机的 ASCII 驱动程序，较之自行开发的驱动，运行稳定可靠，因此系统采用 ASCII 协议进行通信。

1. 组态王与单片机的通信协议

（1）设备地址的格式。

设备地址的格式为：＃＃.＃。

前面的两个字符是设备地址，范围为 0～255，此地址为单片机的地址，由单片机中的程序决定；后面的一个字符是用户设定是否打包，“0”为不打包、“1”为打包。

（2）寄存器的格式。

寄存器的格式为：Xdd。其中，dd 代表数据地址，与单片机的数据地址相对应，dd 的范围为 0～65 535。

X 寄存器根据所选数据类型有 BYTE、UINT、FLOAT 三种，分别占用一个、两个、四个字节。其中，BYTE 型变量对应的寄存器地址为 X0～X99，UINT 型变量对应的寄存器地址为 X100～X199，从 X200 开始是 FLOAT 型变量对应的寄存器地址，同一数据区内不可交叉定义不同数据类型的变量，这样可以提高通信的速度。

（3）通信的命令格式。

通信的命令格式：

字头	设备地址	标志	数据地址	数据字节数	数据…	异或	CR

所有字节均为 ASCII 码。其中，字头为 40H；设备地址为 1 字节 2 个 ASCII 码，范围为 0～255；标志为 1 字节 2 个 ASCII 码，bit0～bit7，bit0＝0 表示读，bit0＝1 表示写，bit1＝0 表示不打包，bit3bit2＝00 表示数据类型为字节，bit3bit2＝01 表示数据类型为字，bit3bit2＝1x 表示数据类型为浮点数；数据地址为 2 字节 4 个 ASCII 码，范围为 0x00000～xffff；数据字节数为 1 字节 2 个

ASCII 码，范围为 1～100；数据…为实际的数据转换为 ASCII 码，个数为字节数乘 2；异或为 1 字节 2 个 ASCII 码，表示从设备地址到数据…的异或值；CR 为 0x0d。

读命令格式：

字头	设备地址	标志	数据地址	数据字节数	异或	CR

下位机应答：若正常，格式为

字头	设备地址	数据字节数	数据…	异或	CR

若不正常，格式为

字头	设备地址	**	异或	CR

写命令格式：

字头	设备地址	标志	数据地址	数据字节数	数据…	异或	CR

下位机应答：若正常，格式为

字头	设备地址	##	异或	CR

若不正常，格式为

字头	设备地址	**	异或	CR

2. 定义智能模块设备

打开组态王开发的工程后，选择工程浏览器左侧大纲项“设备\COM1”，在工程浏览器右侧双击“新建”图标，运行“设备配置向导”(图 3.17)，选择“智能模块”→“单片机”→“通用单片机 ASCII”→“串口”项，单击“下一步”，设置设备名称为“AT89S52”，单击“下一步”，选择所连接的串口“COM2”，单击“下一步”，设置设备地址为“1.0”，单击“下一步”，设置尝试恢复时间和最长恢复时间，单击“确定”，智能模块设备的定义就完成了。

双击工程浏览器左侧大纲项“设备\COM2”，弹出“设置串口--COM2”对话框(图 3.18),可以对波特率、数据位、奇偶校验、停止位、通信超时、通信方式进行设置,此处设置的参数须与单片机编程中的通信参数一致。

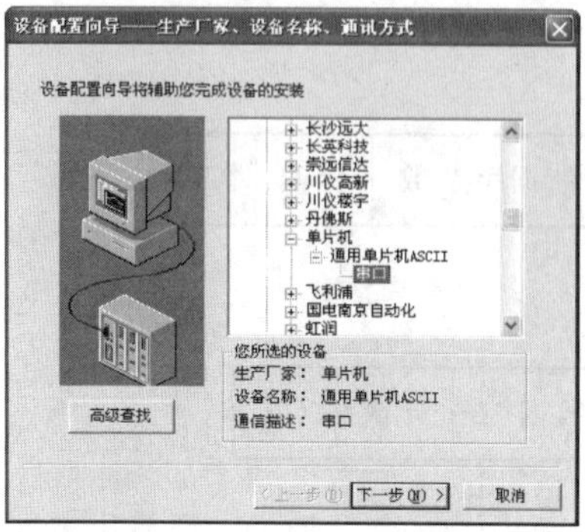

图 3.17　设备配置向导

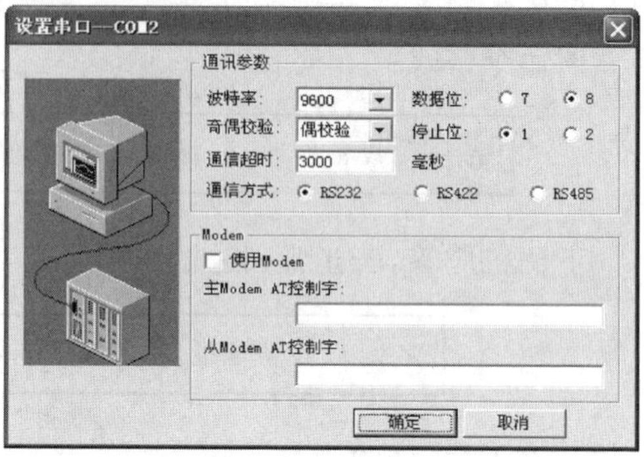

图 3.18　设置串口

3. 定义 I/O 变量

选择工程浏览器左侧大纲项"数据库\数据词典",在工程浏览器右侧双击已创建的 I/O 变量图标,弹出"定义变量"对话框(图 3.19)。设置"连接设备"为"AT89S52",设置寄存器的名称为 X100,设置数据类型和读写属性。系统用到的 I/O 变量的相关信息见表 3.5。

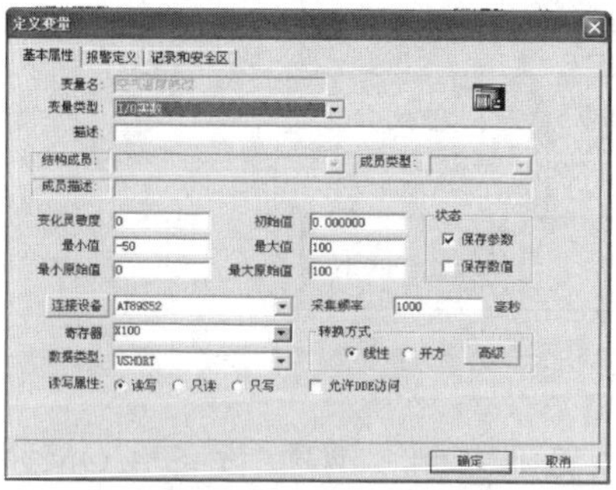

图 3.19　"定义变量"对话框

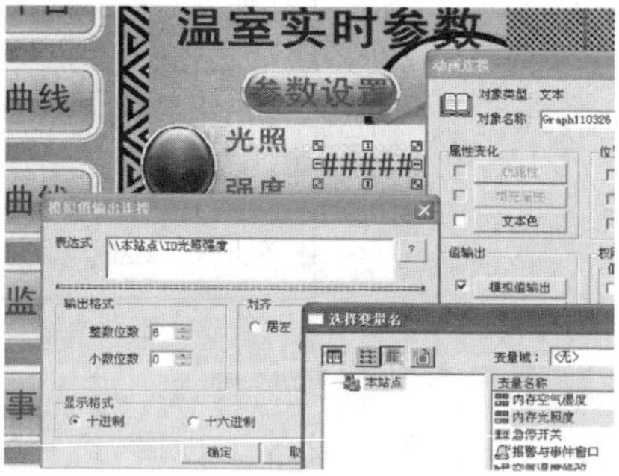

图 3.20　动画连接的建立

4. 建立动画连接

如图 3.20 所示,在光照强度后输入"#####"文本,右击该文本,单击"动画连接",会弹出"动画连接"对话框,单击"模拟值输出",弹出"模拟值输出连接"对话框,单击"?",弹出"选择变量名"对话框,选择变量"IO 光照强度",这样就建立了文本与变量之间的连接,文本显示的数值会随着变量数值的变化而变化。另外,在“模拟值输出连接”对话框内,可以在变量后加运算符号。这样,在系统运行过程中,组态王定义的 IO 变量就会按照设置的频率进行数据的读写工作。

第三节　下位机硬件与软件设计

下位机置于温室现场,由传感器、控制器、驱动器和执行装置组成。下位机对温室环境因子进行数据采集和处理,将测得的数值与预设数值相比较,根据控制方案进行决策,输出控制信号,通过驱动器驱动执行装置输出相应动作,达到调节控制温室环境的目的。下位机通过串口将监测的环境参数传输至上位机,并可根据上位机指令实现相应动作。下位机可以实现手动和自动两种控制方式。

一、主要元器件的选取

(一) 单片机的选取

单片机是一种集成电路芯片,是采用超大规模集成电路技术把具有数据处理能力的中央处理器 CPU、随机存储器 RAM、只读存储器 ROM、多种 I/O 口和中断系统、定时器/计时器等功能(可能还包括显示驱动电路、脉宽调制电路、模拟多路转换器、A/D 转换器等电路)集成到一块硅片上构成的一个小而完善的计算机系统。单片机按照 CPU 位数可分为 1 位机、4 位机、8 位机、16 位机、32 位机等类型,其中 1 位机和 4 位机指令不丰富,编程复杂,主要用于简单的控制;16 位机和 32 位机虽性能优越,但价格较贵,限制了其应用范围;8 位机指令丰富,性价比高,是工业控制领域的主流机型。单片机的厂商和系列很多,比较著名的有 Intel 公司的 MCS 系列、ATMEL 公司的 AVR 系列、Microchip 公司的 PIC 系列等。

根据“选大(大厂)不选小,选多(供应量多)不选少,选名(名牌)不选缈(缥缈,不知详情的厂子),选廉(廉价)但要好(质量保证)”的选型原则,美国

ATMEL公司的AT89系列单片机片内的程序存储器采用FLASH存储技术，编程和擦除时间短，并可反复编程，运算速度快，体积小，在家用电器和仪器仪表中得到了广泛应用，表3.6中给出了AT89系列主要产品类型的特点。

表3.6 AT89系列主要产品类型的特点

产品类型	RAM容量/字节	定时器/个	中断源/个	晶振频率/MHz	封装引脚/个	价格/元
AT89C51	128	2	5	0～24	40	2
AT89C52	256	3	8	0～24	40	3.2
AT89S51	128	2	6	0～33	40	3
AT89S52	256	3	8	0～33	40	4.5

注：价格来源于淘宝网，为批发的平均价格。

经综合考虑，本系统决定选用AT89S52型单片机，此种机型性价比极高，一经推出就得到了广大用户的青睐。其主要性能如下：可与MCS-51单片机产品兼容，拥有8K字节在线系统可编程Flash存储器，擦写周期可达1 000次，拥有三级加密程序存储器，拥有32个可编程I/O口线、3个16位定时器/计数器、8个中断源和全双工UART串行通道，掉电后中断可唤醒，拥有看门狗定时器、双数据指针和掉电标识符。

（二）传感器的选取

传感器是系统检测环节的重要组成部分，用于将温室环境因子等非电物理量转变为控制系统可识别的电信号，为系统管理人员提供判断和处理的依据。其质量与性能的好坏，直接决定整个温室环境自动监控系统性能的优劣。传感器的主要技术指标有线性度、灵敏度、迟滞、重复性、分辨率、漂移、精度等。在选择传感器时，不是要求这几项指标均最优，而应根据实际情况，在保证主要性能指标满足要求的前提下，兼顾价格、可靠性等因素，使性价比达到最高。

1. 空气温湿度传感器的选取

大多数作物的生长适宜温度在12～33 ℃，温室内温度测量范围一般在0～50 ℃，湿度测量范围为0～100% RH。系统选用的空气温湿度传感器是北京昆仑海岸传感技术中心生产的JWSL-5ATW型温湿度变送器，其供电电压是24 V DC，温度测量范围是0～50℃（精度为±0.5 ℃），湿度测量范围为0～100% RH（精度为±3% RH），输出信号为4～20 mA，内部采用了专用温度补偿电路和线性化处理电路，精度高，低漂移，响应速度快，抗干扰能力强，性能可靠，使用寿命长，而且输出信号线性很好，可远距离传输，经精密电阻变换为标准的 0～5 V 电压信号后可直接输入 A/D 转换器中。

2. 照度传感器的选取

光是植物进行光合作用的主要能源，植物生长状况与光照强度和光照时间紧密相关，系统选用的是北京昆仑海岸传感技术中心生产的 ZD 系列照度变送器，其采用高灵敏度的硅蓝光伏探测器作为传感器，具有测量范围宽，使用方便，便于安装，传输距离远等特点。其供电电压为 24 V DC，精度为±7%，测量范围为 0～20 万 lx，输出信号为 4～20 mA，操作环境温度为 0～70 ℃，湿度为 0～70% RH。

3. 土壤湿度传感器的选取

温室内的水分收支状况决定了土壤湿度，而土壤湿度直接影响到作物根系对水分、养分的吸收，进而影响到作物的生育和产量品质。系统选用的是邯郸清胜电子科技有限公司生产的 FDS-100 型土壤湿度传感器，其供电电压为 24 V DC，测量范围为 0～100%RH，测量精度为±3%，输出信号为 0～20 mA，测量区域为以中央探针为中心，围绕中央探针的直径为 7 cm、高为 7 cm 的圆柱体。传感器采用小巧化设计，携带方便，安装、操作及维护简单；结构设计合理，不锈钢探针保证使用寿命；外部以环氧树脂纯胶体封装，密封性好，可直接埋入土壤中使用，且不受腐蚀；土壤测量精度高，性能可靠，可确保正常工作；响应速度快，数据传输效率高。

（三）开关电源的选取

系统的各传感器、电磁阀等检测元件和部分执行元件以 24 V DC 为供电电压，因此需要将 220 V AC 转换为 24 V DC。系统选用的是德国威琅电气有限公司出品的威琅开关电源，其输入电压为 90～264 V AC，输入频率为 47～63 Hz，输出电压为 24 V DC，输出电流为 5 A，使用温度为－25～55 ℃，相对湿度小于 85%。该电源具备短路、过载保护，体积小，质量轻，效率高，寿命长，使用方便，用途广泛。

系统主板采用 5 V DC 供电，因此系统选用了北京飞扬伟业电子有限公司出品的 GF20-M 系列开关电源，其输入电压为 85～264 V AC，输出电压为

5 V DC,输出电流为 1 A。又由于本系统使用 AT89552 型单片机,芯片内部的 8K 程序存储器空间和 256 字节的数据存储器空间可以满足本系统对存储器资源的需求,但 RAM 属于易失型存储器,掉电后数据则会丢失,系统每次上电后都需要重新设置某些参数。为了避免这种情况发生,系统的主板采用一个+5 V DC 锂电池作为备用电源,系统正常工作时由主电源供电,一旦掉电则自动切入备用电源。

(四) 输出控制模块的选取

温室环境自动监控系统的电机、水泵等执行机构需大电压或者电流来控制,而单片机系统输出的开关量大多为 TTL 电平,不能直接驱动这些执行机构开启或关闭。继电器是用较小的电流去控制较大电流的一种“自动开关”,在电路中起着自动调节、安全保护、转换电路等作用。常用的继电器有电磁继电器、热敏干簧继电器、固态继电器、磁簧继电器、光继电器等类型,其中电磁继电器最为常用,但是在开关瞬间,触点容易产生火花,会造成干扰,影响系统的可靠性。

本系统选用杭州西子继电器有限公司的 38D025 型单刀双掷电磁继电器,其触点两端并联一电容,可以消除开关时触点上产生的火花。其主要技术参数为:负载最大电压为 24～500 V AC,负载最大电流为 25 A,通断电压为 24 V,通断电流为 25 A。

另外,由于单片机系统输出的开关量大多为 TTL 电平,也不能直接驱动继电器线圈,需要使用达林顿管来驱动。系统选用的是安森美半导体元件工业有限公司生产的 ULN2803 型达林顿管,其输入参数为 TTL 电平,5.0 V COMS,输出最大电压为 50 V,输出最大电流为 500 mA。

(五) 视频监控模块的选取

视频监控模块是安防系统的重要组成部分,视频监控以其直观、准确、及时和信息内容丰富而广泛应用于许多场合。目前,视频监控系统可分为两大类:模拟视频监控系统和数字视频监控系统。模拟视频监控系统的传输工具主要是同轴电缆,传输距离一般小于 1 km,而且系统扩展能力差。数字视频监控系统是控制信号和视频信息都采用数字化的方式,是一个可以在网络环境中传输的视频监控系统。目前有两种数字视频监控系统:一种是以数字录像设备为核心的视频监控系统;另一种是以嵌入式视频 Web 服务器为核心的视频监控系统。

数字录像监控系统是以视频录像为核心，进行视频的采集、处理、传播，同时，并存的控制信息也通过网络进行。该方式采用计算机网络技术，使数字多媒体远程网络监控不受距离限制，还可以采用大容量磁盘阵列存盘器或光盘存储器，可以节省大量的磁带介质，且视频信息以文件方式存储，方便信息查询。目前的数字录像机一般是采用工控机来实现，由工控机、视频采集卡、较可靠的操作平台、应用软件来组成，这样的系统价格较贵，难以应用在温室环境自动监控系统。

嵌入式视频监控系统主要由嵌入式处理器、相关支撑硬件、嵌入式操作系统及应用软件系统等组成。系统数据一般存储在 flash memory 中，调用速度快，不会被改变，稳定性好；目前，嵌入式系统已发展到嵌入视频 Web 服务器阶段，由现场摄像机送来的视频信号经数字化后，再由高效压缩芯片进行压缩，通过内部总线送到内置的 Web 服务器，网络上用户可以直接用浏览器观看 Web 服务器上的摄像机图像，授权用户还可以控制摄像机、云台、镜头的动作或对系统配置进行操作，可以直接连入局域网，用户端也无须安装任何硬件设备，仅用浏览器即可观看。

系统选用的是广州网视通信息科技有限公司生产的 Q 系列网络(IP Camera)，它集成了网络和 Web 服务器功能，用户只需通过 Web 服务器就可随时访问温室现场视频。摄像机采用 MJPEG 硬件压缩技术，可以在 LAN/WAN 上以最大 30 帧/s 的速度传输高质量的实时视频图像，并自带云台，支持全方位监看。每台设备分配了唯一设备序列号和动态域名，不需进行任何设置，当设备接入互联网，即可使用该域名访问设备。

二、下位机硬件电路设计

硬件电路是温室环境自动监控系统的核心骨架，其参数性能及设计的合理性直接决定了监控系统的性能。根据系统的功能需要，温室环境自动监控系统的硬件电路基于 AT89S52 内核，主要由系统主板电路、数据采集电路、超限程报警电路、输出控制电路、串口通信接口电路等模块组成。下面就各主要模块的电路做一下说明。

（一）系统主板电路设计

系统主板电路如图 3.21 所示。

从图 3.21 中可以看出，P0 口是一个 8 位漏极开路的双向 I/O 口。作为输

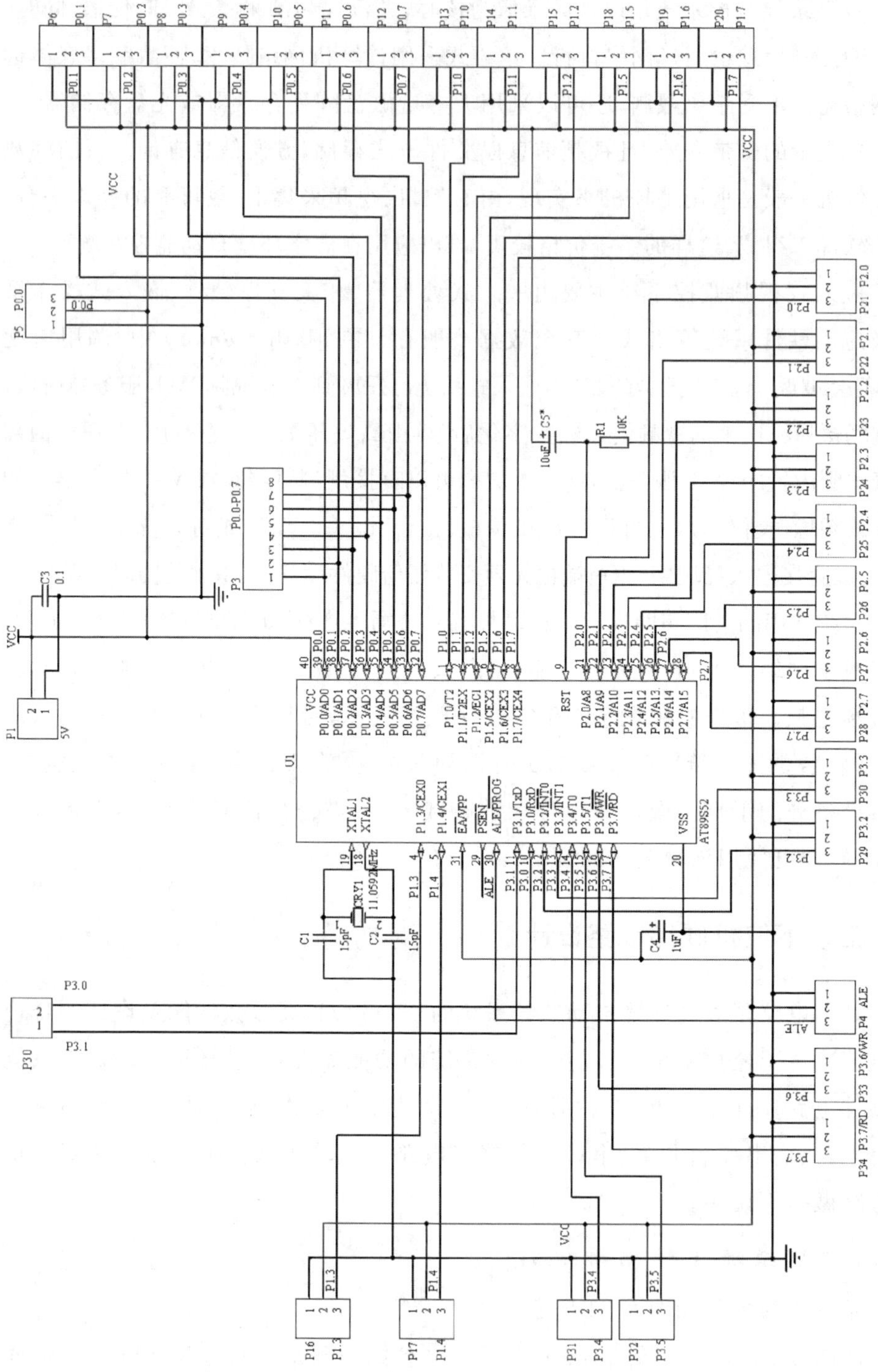
U1
AT89S52
CRY1
11.0592MHz
C1
C2
15pF
C3
0.1
C4
1uF
C5*
10uF
R1
10K
VCC
P0.0-P0.7

图 3.21 主板电路

出口,每位能驱动 8 个 TTL 逻辑电平。P0 口与 A/D 转换器连接,负责接收转换结果。

P1 口是一个具有内部上拉电阻的 8 位双向 I/O 口,P1 口输出缓冲器能驱动 4 个 TTL 逻辑电平。P1.0 和 P1.2 分别作定时器/计数器 2 的外部计数输入(P1.0/T2)和定时器/计数器 2 的触发输入(P1.1/T2EX)。

P2 口是一个具有内部上拉电阻的 8 位双向 I/O 口,P2 口输出缓冲器能驱动 4 个 TTL 逻辑电平。在使用 8 位地址(如 MOVX @RI)访问外部数据存储器时,P2 口输出 P2 锁存器的内容。在 Flash 编程和校验时,P2 口也接收高 8 位地址字节和一些控制信号。

P3 口是一个具有内部上拉电阻的 8 位双向 I/O 口,P3 口输出缓冲器能驱动 4 个 TTL 逻辑电平。对 P3 端口写“1”时,内部上拉电阻把端口拉高,此时可以作为输入口使用。作为输入口使用时,被外部拉低的引脚由于内部电阻的原因,将输出电流(I_{IL})。P3 口亦作为 AT89S52 特殊功能(第二功能)使用,其中 P3.0 用作串行输入(RXD),P3.1 用作串行输出(TXD)。

此外,RST 用作复位输入,VDD 为+5V 电源输入端,GND 为接地端。

表 3.7 中给出了 AT89S52 型单片机各引脚的连接状态及实现功能。

表 3.7 AT89S52 型单片机各引脚的连接状态及实现功能

引脚名称	连接状态	实现功能
P0.0～P0.7	A/D 转换器	A/D 转换结果采集
P1.0、P1.1	遮阳信号	实现遮阳帘的开启和关闭
P1.2	遮阳开限位开关信号	判断遮阳帘开启
P1.3	遮阳关限位开关信号	判断遮阳帘关闭
P1.4	发光二极管 LED1 阴极	空气温度超限程灯光报警
P1.5	发光二极管 LED2 阴极	空气湿度超限程灯光报警
P1.6	发光二极管 LED3 阴极	土壤湿度超限程灯光报警
P1.7	发光二极管 LED4 阴极	光照强度超限程灯光报警
P2.0	ULN2803 1B 口	控制滴灌电磁阀的开启和关闭
P2.1	ULN2803 2B 口	控制保温帘电机的正转
P2.2	ULN2803 3B 口	控制保温帘电机的反转

续表 3.7

引脚名称	连接状态	实现功能
P2.3	保温开限位开关信号	判断保温帘开启
P2.4	保温关限位开关信号	判断保温帘关闭
P2.5	ULN2803 4B 口	控制补光灯的开启和关闭
P2.6	ULN2803 6B 口	控制排风扇的开启和关闭
P2.7	ULN2803 7B 口	控制加热风机的开启和关闭
P3.0		串行输入端口
P3.1		串行输出端口
P3.2	ULN2803 5B 口	控制开窗电机的正转
P3.3	ULN2803 8B 口	控制开窗电机的反转
P3.4	侧窗开限位开关信号	判断侧窗开启
P3.5	侧窗关限位开关信号	判断侧窗关闭
P3.6	蜂鸣器负极	超限程声音报警

（二）数据采集电路设计

数据采集电路如图 3.22 所示。

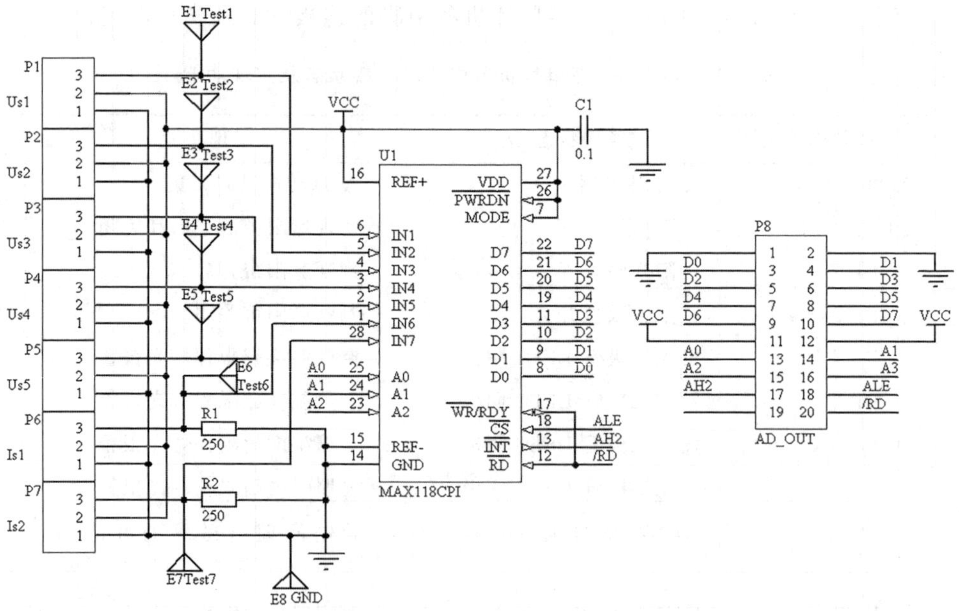

图 3.22　数据采集电路

从图 3.22 中可以看出，选用 IN1～IN7 作为模拟量的输入，当($A_2A_1A_0$)＝000 时，选择通道 IN1，当($A_2A_1A_0$)＝001 时，选择通道 IN2，以此类推，直至($A_2A_1A_0$)＝110 时，选择通道 IN7。IN1 为空气温度输入，IN2 为空气湿度输入，IN3 为土壤湿度输入，IN4 为光照度输入。INT 端为 A/D 转换完成信号，当 A/D 转换完成时，INT 端变为高电平，AT89S52 通过查询 P3.7 状态来判断转换是否结束。

D0～D7 为转换结果输出端，与单片机 P0.0～P0.7 分别连接，当转换完成时(即 INT 端变为高电平时)，若 CS 和 RD 端同时为低电平，则结果可通过 P0 口读入单片机。

系统只需对模拟量转换数值实施读取，因此选择只读方式，即 MODE＝0(接地)方式。

REF＋和 REF－端分别为参考电压正负端，系统对转换精度要求不是特别高，因此以供电电压作为参考电压。

VDD 为＋5 V 电源输入端，GND 为接地端。

(三) 超限程报警电路设计

超限程报警电路如图 3.23 所示。从图 3.23 中可以看出，系统采用 4 只发光二极管(LED1～LED4)作为报警指示灯，分别表示空气温度、空气湿度、土壤

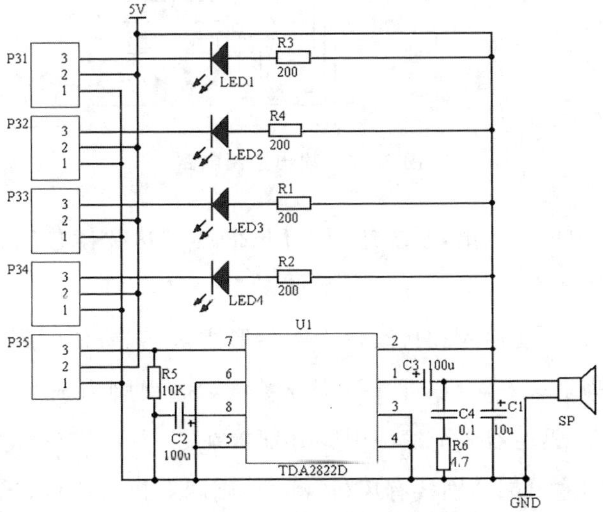

图 3.23　超限程报警电路

湿度、光照强度的超限程时的灯光指示，将发光二极管的阳极通过 1 kΩ 限流电阻与＋5 V 电源相接，阴极分别与 P1.1～P1.4 相连。环境因子处于正常值时，P1 口输出高电平，此时二极管不发光；环境因子超限程时，P1 口输出低电平，二极管发光，实现灯光报警功能。采用一只蜂鸣器产生声音报警，其驱动电流仅为 10 mA，因此用 P1.0 口通过 7404 型驱动器接其负极，将其正极与＋5 V 电源相接。环境因子处于正常值时，P1.0 口输出高电平，此时蜂鸣器不工作；环境因子超限程时，P1.0 口输出低电平，蜂鸣器开始工作，实现声音报警功能。

（四）输出控制电路设计

输出控制电路如图 3.24 所示。

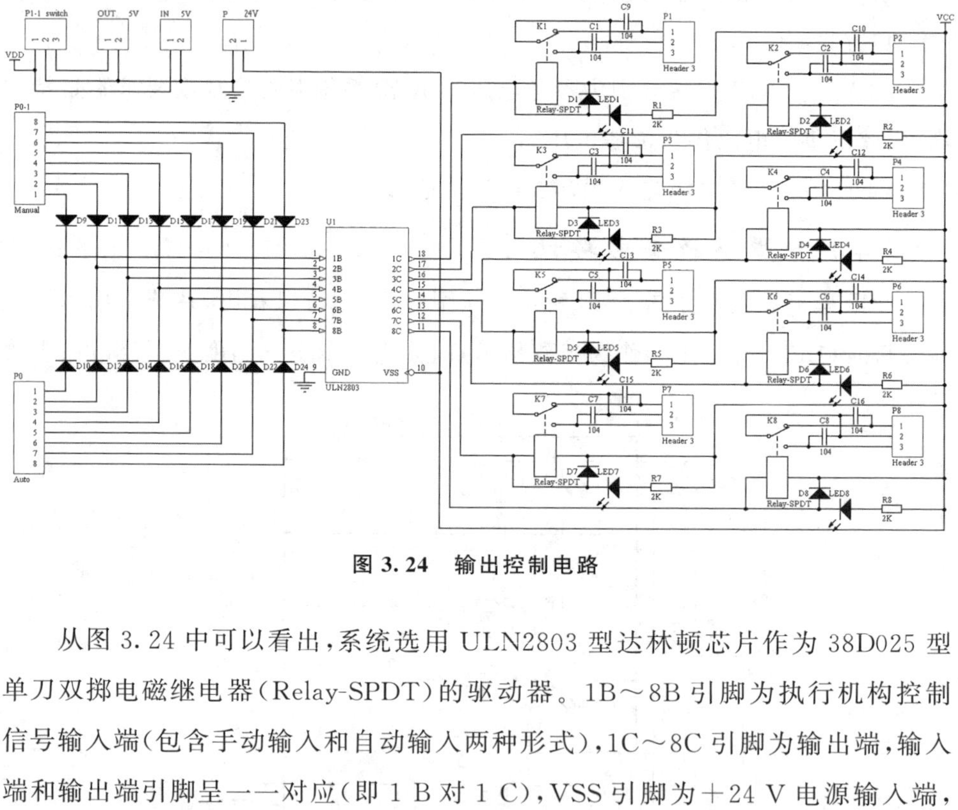

图 3.24　输出控制电路

从图 3.24 中可以看出，系统选用 ULN2803 型达林顿芯片作为 38D025 型单刀双掷电磁继电器（Relay-SPDT）的驱动器。1B～8B 引脚为执行机构控制信号输入端（包含手动输入和自动输入两种形式），1C～8C 引脚为输出端，输入端和输出端引脚呈一一对应（即 1 B 对 1 C），VSS 引脚为＋24 V 电源输入端，GND 为接地端。驱动器 8 个输出引脚分别接在 8 个单刀双掷电磁继电器输入端上。继电器的输出端分别接有风机、湿帘、遮阳等执行机构，当输入端有控制信号输入时，经 ULN2803 放大，可驱动对应输出端上的继电器吸合，这时对应的执行机构就会动作。

受实验条件所限，本控制系统的控制对象为一温室模型(图 3.25)。

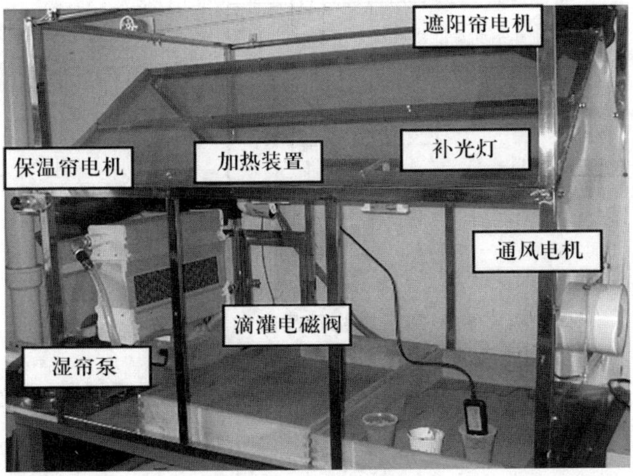

图 3.25　温室模型

温室模型中，以热风机代替加热装置，以 24V 直流电机代替工程中使用的交流电机，以 24V 白炽灯泡代替工程用补光灯，可以模拟实际温室所能实现的相关功能。从图 3.25 中可以看出，温室模型的执行机构包括加热装置、通风电机、滴灌电磁阀、湿帘泵、补光灯、遮阳帘电机、保温帘电机。所有执行机构都只有开和关两种状态，其中保温帘电机和遮阳帘电机需要实现正转和反转两种状态。

在图 3.26 中，无控制信号输入时，单刀双掷继电器处于释放状态，补光灯关闭；当有控制信号输入时，单刀双掷继电器线圈吸合，补光灯打开。在图 3.27 中，当 1C 和 2C 均无控制信号输入时，继电器 K1 和 K2 均处于释放状态，电机不工作；当 1C 有控制信号输入，2C 无控制信号输入时，电机正转；当 1C 无控制信号输入，2C 有控制信号输入时，电机反转。

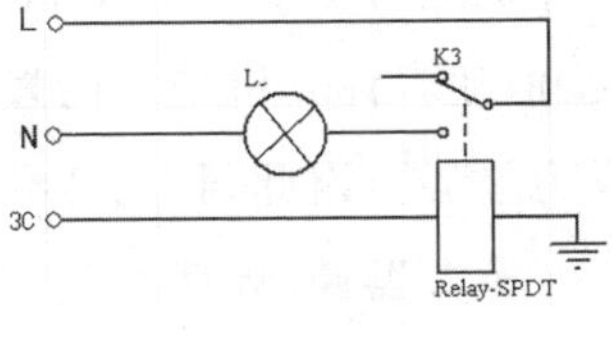

图 3.26　补光灯控制电路

(五) 串口通信接口电路设计

串口通信接口电路如图 3.28 所示。

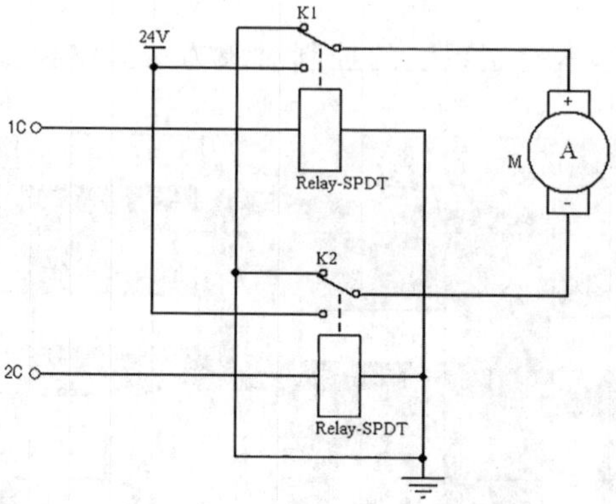

图 3.27　电机正反转控制电路

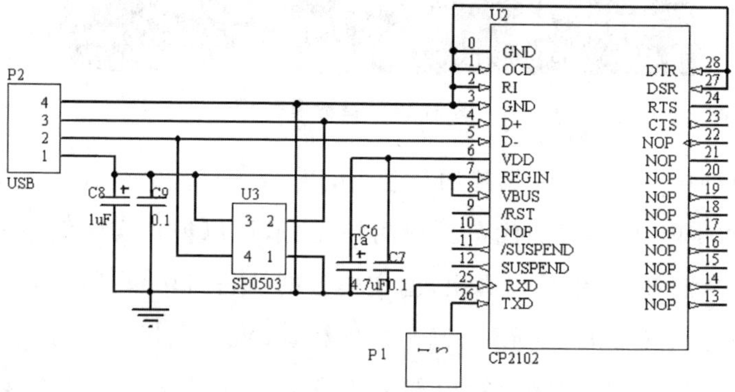

图 3.28　串口通信接口电路

AT89S52 型单片机内部有一个串行 I/O 口，通过引脚 RXD 和 TXD 可以和计算机进行全双工的串行异步通信。RS232 总线是异步通信中应用较广的总线，但随着计算机技术的发展，支持热插拔的 USB 标准接口取代 RS232 总线将成为趋势。因此，图 3.28 的串口通信接口电路是采用 CP2102 作为 USB/RS232 桥接器件，计算机通过 USB 接口虚拟一个 RS232 接口，实现单片机与 PC 机之间的通信。

RXD 引脚接单片机 P3.1 口，用作串行输出；TXD 引脚接单片机 P3.0 口，用作串行输入；REGIN 引脚为片内电压调节器的输入；D＋和 D－为数字 I/O 口，是 USB 数据接口；GND 引脚为接地端，使用 SP0503 作电平转换。

三、下位机控制软件设计

程序是下位机控制软件完成特定任务指令的集合。系统要完成数据采集、处理、传输等任务，就需要设计各种应用程序。汇编语言是常用的编程语言，能够直接访问与硬件相关的存储器或I/O端口；能够根据特定的应用对代码做最佳的优化，提高运行速度；能够最大限度地发挥硬件的功能，尤其是对于温室自动控制这样要求反应灵敏、控制及时的系统，其优越性更为明显。

系统下位机控制软件分为主程序、数据采集子程序、标度变换子程序、串口通信子程序等部分，下面分别予以介绍。

（一）系统主程序设计

主程序是程序的主干，是程序的入口，它的主要的任务是设置主程序的起始点、对系统初始化、显示用户界面、控制事件循环，当退出程序时，恢复系统的原始环境。系统运行时，首先启动主程序，然后由主程序调用应用程序和其他组件。图3.29所示为系统主程序流程图。

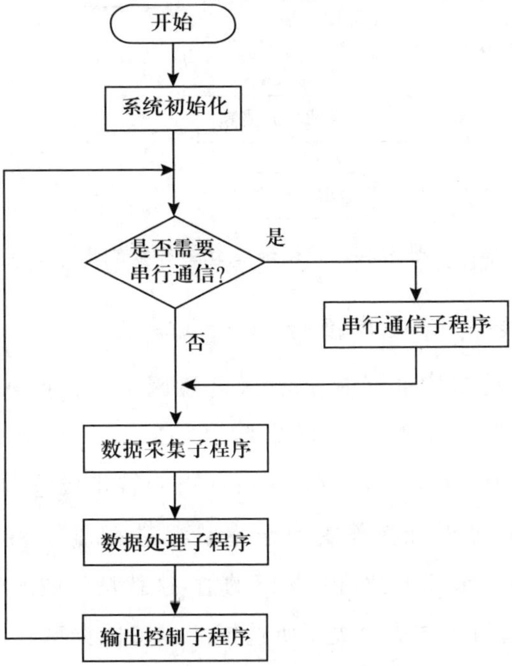

图3.29 系统主程序流程图

主程序完成初始化工作，然后判断是否进行串行通信，依次调用数据采集子程序、数据处理子程序等，最后根据采集值与设定值的比较结果，调用输出控制子程序，完成各种控制量的输出。以上流程循环往复不断执行。

（二）数据采集子程序设计

数据采集子程序根据输入参数对相应的模拟信号进行采样、量化及处理，并将相应信号的数值返回主程序，其流程图如图 3.30 所示。

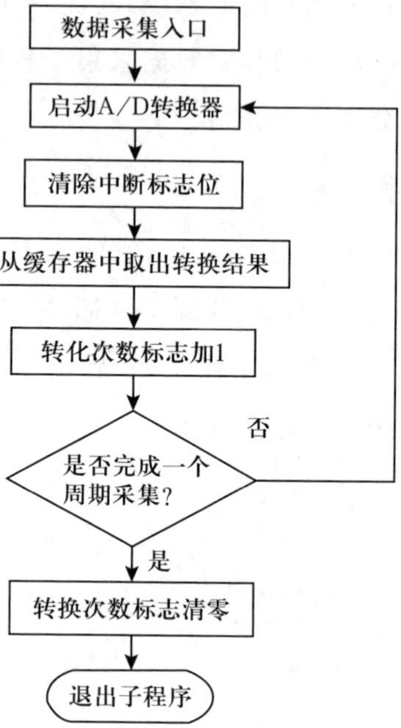

图 3.30　数据采集子程序流程图

（三）标度变换子程序设计

在温室环境自动监控系统中，所涉及环境因子的数值和量纲均不相同，但各因子均经过传感器转换成 A/D 转换器(MAX118CPI)能接受的范围为 0～5V 的电压信号，又被 A/D 转换器(MAX118CPI)转换成范围为 0～255 的数字量，为了便于系统管理者和操作者对温室状况进行监控和管理，须将范围为 0～255 的数字量变换成不同数值和量纲的值，这就是所谓的标度变换。标度变换有多种方法，采用何种方法取决于所选择的传感器类型。本系统选择的几种传感器，在温室环境中线性度良好，因此可以采用线性标度变换法。

线性标度变换的公式为

$$A_x = A_0 + (A_m - A_0)\frac{N_x - N_0}{N_m - N_0}$$

式中：A_0 为一次测量仪表的下限；A_m 为一次测量仪表的上限；A_x 为实际测量值（工程量）；N_0 为仪表下限对应的数字量；N_m 为仪表上限对应的数字量；N_x 为测量值所对应的数字量。

在本系统中的环境因子，其变换公式分别为

空气温度＝（传感器实际测量值－40）/3.28（℃）

空气湿度＝（传感器实际测量值－51）/2.26（% RH）

光照度＝［（传感器实际测量值－40）/1.64］×1 000（lx）

土壤湿度＝（传感器实际测量值－45）/1.6（% RH）

（四）串口通信子程序设计

串口通信子程序要完成串口通信、数据接收与校验、格式转换、存取、控制等。由于监控的数据量较大，对每类数据都要有固定格式，采取检错重发机制，保证数据的正确性，其流程图如图 3.31 所示。

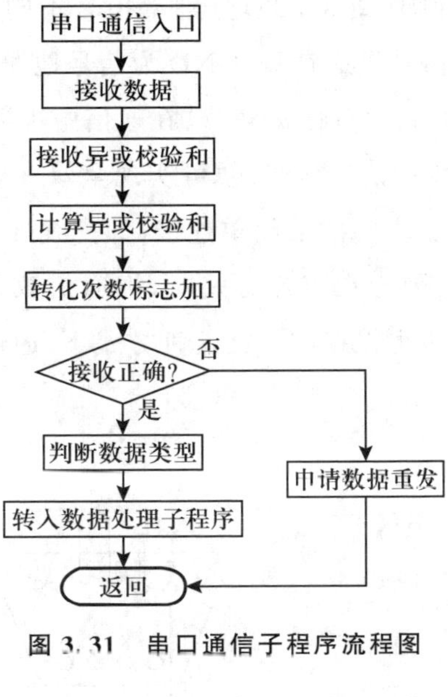

图 3.31　串口通信子程序流程图

第四节　运行试验与示范

系统的调试分为两个阶段：一是模块调试阶段；二是整体联调阶段。模块调试阶段主要侧重对系统串口通信、数据采集等模块的调试；整体联调阶段主要是对系统的运行和运行稳定性进行测试，人为设定环境条件，将传感器测得的数据与标准仪器测得的数据进行比较，评价系统的响应性能。

一、模块调试

（一）串口通信模块的调试

1. 计算机与单片机的连接

常用的串口连接器有 DB-9 和 DB-25 两种类型，也有公头和母头之分。PC 机上一般只提供 DB-9 连接器，为公头，相应地，单片机连接线上的串口连接器就为母头，有 9 个信号针脚（图 3.32），分别承担着不同的功能。其中，RXD 为信号接收针脚，TXD 为信号发送针脚，GND 为信号地线。

本系统 PC 机与单片机之间距离较短，在通信中不需要控制联络信号，只需 3 根线（即发送线、接收线和信号地线）便可实现全双工异步串行通信。图 3.33 所示是两台串口通信设备之间的最简单连接（即三线连接），图中的 2 号接收脚与 3 号发送脚交叉连接，因为在直连方式时，把通信双方都当作数据终端设备看待，双方都可以发送，也可以接收。在这种方式下，通信双方的任何一方，只要

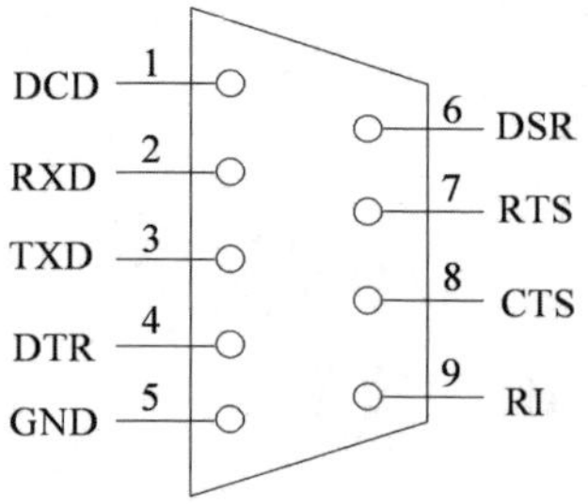

图 3.32　DB-9 串口连接器

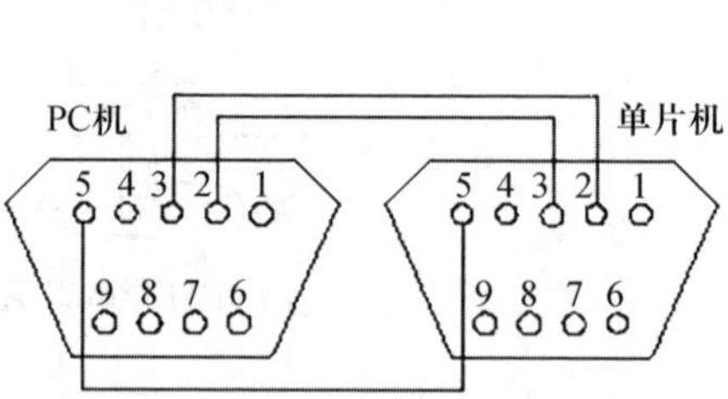

图 3.33　DB-9 串口的简单连接

请求发送 RTS 有效和数据终端准备好 DTR 有效，就能开始发送和接收。

2. 计算机串口设置

进入 Windows“我的电脑”系统属性，在“设备管理器”列表中有端口 COM 和 LPT 设备信息，选中通信端口 COM1，查看其属性，在 COM1 端口属性的“端口设置”选项卡中，将其每秒位数(即波特率)设为 4 800，停止位设为 2，如图 3.34 所示。

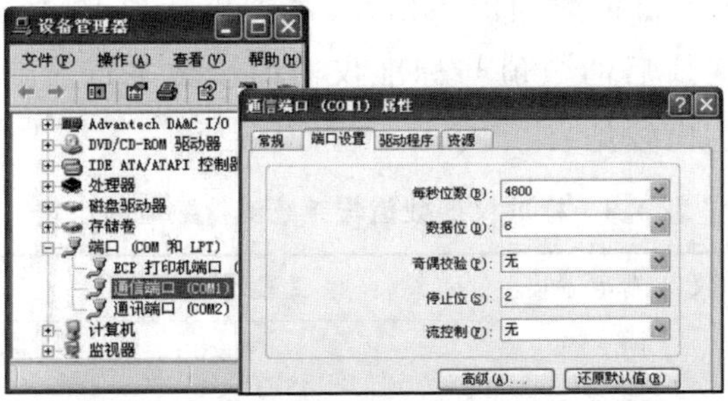

图 3.34 计算机通信端口(COM1)设置界面

3. 串口通信的初步调试

使用虚拟串口软件 Virtual Serial Port Driver(以下简称 VSPD)和串口调试助手来进行串口通信的初步调试。

打开 VSPD 软件，显示软件界面如图 3.35 所示。在 First part 后选择串口名“COM1”，Sencond part 后选择串口名“COM2”，单击“Add pair”按钮后，就可以为计算机添加两个连接在一起的虚拟串口：COM1 和 COM2。

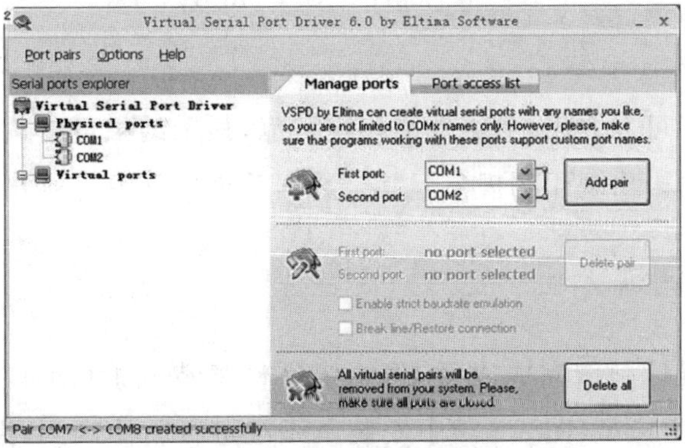

图 3.35 VSPD 配置程序界面

运行串口调试助手，设置串口为 COM2，波特率为 9600，校验位为“NONE”，数据位为 8，停止位为 1，在输入框中输入“40 30 31 30 30 30 30 30 30 31 0d”，在组态王的光照强度中会显示出输入的数值“100”，串口通信的初步调试成功。

（二）数据采集模块的调试

对数据采集模块进行调试时，将空气温湿度传感器与标准温度计置于一密闭容器内，在 30 min 的时间内，对密闭容器进行加温、降温等操作，将传感器采集并经标度变换后的数值与标准仪器的读数进行对照。标准仪器数值与系统测得数值的比较见表 3.8。

表 3.8　标准仪器数值与系统测得数值的比较　℃

序号	仪器测定温度	显示温度	误差
1	15	15.03	+0.03
2	15.5	15.48	−0.02
3	16	15.98	−0.02
4	16.5	16.53	+0.03
5	17	16.99	−0.01
6	17.5	17.52	+0.02
7	18	18.04	+0.04
8	18.5	18.47	−0.03
9	19	19.02	+0.02
10	19.5	19.49	−0.01
11	20	20.02	+0.02
12	20.5	20.46	−0.04

通过表 3.8 可以看出，系统性能稳定可靠，显示结果可信，在实验室内做的大量测试过程中未出现误测现象。其余数据采集也可用此种方法进行调试。

二、整机调试

在软硬件设计制作完成以后，将系统硬件组装成柜（图 3.36）。2010 年 3 月，在实验室温室模型（图 3.37）中安装本系统进行整体观测，系统设备整体运行情况良好，能够远程监控系统运行情况，采集温室环境因子数值，通过远程控

图 3.36 系统控制柜样机

图 3.37 温室模型

制温室执行机构设备的运行，进而达到调节温室环境因子的目的，同时应用 IP 网络摄像机也达到了可视化远程监控温室的效果。

通过实践测试表明，本温室远程控制系统运行比较稳定，可以实现系统设计的各项功能，达到了设计意图。调试效果总结如下：

(1) 上位机软件运行稳定，通信、控制指令输出等工作都正常；

(2) AT89S52 核心电路与继电器、A/D 转换电路等连接无故障；

(3) 下位机能准确地完成数据采集、通信、控制指令的接收与输出等操作；

(4) 整个通信线路畅通，上位机与下位机通信正常，上位机显示采集数值及时准确，下位机执行指令迅速正确；

(5) 温室内的执行设备能够准确按照控制命令(上、下位机自动/手动状态)进行工作；

(6) IP 网络摄像机达到了可视化远程监控温室的效果，云台控制、拍照、录像等功能正常。

三、系统示范

控制器设计完成后，由北京农机实习机械厂负责样机(图 3.38)的组装和制作，并在昌平区种子管理站进行了设备试验，制定了日光温室智能控制器的产品技术规范和操作规程。设备定型后，于 2012 年年底委托农业部农业机械试验鉴定总站进行形式试验。结果表明，控制器实现设计功能，检测和控制精度均符合相关标准；控制器的设计文件及设计图样通过了全国农业机械标准化技术委员会的标准化审查；北京市科学技术情报研究所出具的《科技查新报告》(报告编号：20130150)中认为："国内检索文献中，尚未见基于空气温、湿度，土壤湿度、时间控制要素的日光温室保温被、卷膜器及滴灌系统的控制方法研究的文献报道"；"一种用于日光温室的智能控制柜"(授权号：CN203224807U)申请实用新型专利并获得授权。

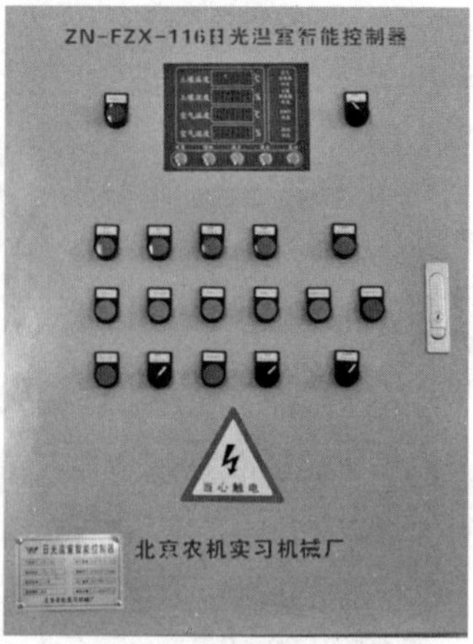

图 3.38　控制器外观图

设备小批量生产后，在昌平区种子管理站、密云县农机化技术推广服务站、大兴区北京夏至农业科技有限公司、顺义区中原绿荷草莓观光园等地的日光温室内进行示范推广，累计推广设备 30 套，并举办了技术培训班，累计培训人员达到 200 余人次。2013 年 6 月，控制器通过了北京市教育委员会和北京市农村工作委员会专家组的验收，受到与会专家的一致好评。

试验示范结果表明，该控制器运行稳定、功能实用、操作维护方便、成本较低，减轻了卷帘、卷膜、滴灌开关等日常操作的劳动强度，提升了作物的品质和产量，节能增效效果明显，适于在我国北方地区日光温室中进行推广应用，有着广阔的市场前景。其具体有以下特点：

(1) 日光温室智能控制器适用于中国北方中小规模的日光温室生产，有助于降低温室管理人员的劳动强度，降低成本，进而进一步扩大生产规模，实现更大的经济效益。

(2) 控制器可以通过手动、自动、短信控制 3 种控制方式实现对温室的实时监测和对卷帘机、卷膜器及滴灌系统等温室常用设备的智能控制。通过手机即可查看温室的环境因子的数值及设备的运行状态，便于温室管理人员及时了解温室运行状况，保障生产安全。

(3) 系统操作简单，使用方便，易于学习，便于不同文化层次的使用者学习，一般通过 1 h 左右的培训和演示即可掌握控制器的相关操作。

(4) 对比试验结果表明，平均每栋温室每年可省工 53 个，作物年产量增收约 5%，省水 62 m^3，可产生 0.8 万元左右的经济效益，还能带来显著的生态效益和社会效益，作物的品质和质量均有所提升。

第四章

设施农业新形态——气雾栽培式家庭植物工厂的设计开发

随着经济社会的高速发展，绿色生活方式近年来不断被人们认可和追捧，健康、环保的生活理念逐渐深入人心，人们对于食品安全的关注度越来越高。都市居民对蔬果的需求量越来越大，对蔬果品质的要求也越来越高，对绿色有机蔬菜及种植体验的需求持续上升，家庭种菜成为时尚。家庭种菜中，很多人将阳台作为种植场所，但存在空间狭小、功能干涉严重、水电改造困难、病虫害频发等问题。

近年来，家庭植物工厂作为一种新兴事物逐渐进入大众视野。2000 年以来，随着社会经济的发展，人们对安全无公害蔬菜的需求和现代农业体验的向往越来越强烈，家庭植物工厂应运而生。经过近 20 年的发展，在日本、美国、荷兰、意大利等发达国家，家庭植物工厂已经进入产业化阶段，形成了较为完备的产业链，普通消费者可以便捷地从零售渠道获得种子、营养液、栽培用具和各种耗材。

中国对家庭植物工厂的研究略晚于发达国家，但在政府的大力推动下，已取得一定的规模和成果。2010 年 12 月 5 日，北京中环易达设施园艺科技有限公司研发的“家庭版植物工厂”正式亮相植物工厂创新成果发布会，魏灵玲(2011)、孙刚(2012)、刘彤(2015)等学者分别开展了相应研究，北京京鹏环球科技股份有限公司、深圳市亿平米农业科技发展有限公司等企业推出相应产品。

家庭植物工厂发展迅猛，但也存在着一些突出问题亟待解决，主要有以下几个方面。①投入大、运行成本高。市场上的家庭植物工厂还处于起步阶段，售价多在5万元，对于中等收入家庭来讲，投入偏大，性价比不高；另外，后期的运行、维护成本也居高不下。②能源消耗大。家庭植物工厂空间狭小，隔热效果差，控制策略设计不合理，极易造成设备频繁启动，进而造成设备能源消耗居高不下。③栽培品种偏少。目前家庭植物工厂中栽培的作物仍以生菜为代表的叶菜为主，品种单一，无法满足用户多样化需求。

项目将自动控制及气雾栽培技术相结合，设计开发家庭植物工厂，并对其控制策略进行研究，为家庭种植提供可靠的装备与技术保障，解决阳台种植和现有家庭植物工厂中存在的诸多问题。这不仅能为人们提供新鲜、安全的蔬菜，还可以美化室内环境、亲近自然、陶冶情操，为用户带来良好的种植体验；使儿童更好地认识与接触植物，丰富他们的知识，培养他们的动手能力和劳动意识。因此，项目对于满足新时代都市居民对于美好居住环境与绿色健康生活向往的需要具有十分重要的现实意义。

第一节　系统总体方案设计

家庭植物工厂是人工光型植物工厂的“浓缩版”，是以人工光源技术、无土栽培技术和环境控制技术等核心技术作为技术基础，采用适宜的框架和围护结构，以人工光作为植物光合作用的唯一光源，通过高精度的环境控制对植物生长的温度、湿度、光照、CO_2浓度及营养液等要素进行自动控制，为植物的生长发育营造适宜的环境条件，以满足都市居民居家体验绿色、享受休闲、美化居室及对于放心安全蔬菜的需要。

如图4.1所示，家庭植物工厂由柜体、植物栽培装置、控制系统、环境调节控制系统、营养液循环处理系统、人工光源系统组成。植物栽培装置、控制系统、环境调节控制系统、营养液循环处理系统、人工光源系统均与柜体固定。柜体分为栽培区、设备区两部分，栽培区设置在柜体中上部，共有2个栽培单元，每一个栽培单元由箱体、多孔种植板、进水管路、回水管路、雾化喷头、风扇、LED灯板、温湿度传感器组成。栽培区Ⅰ的LED光源与柜体固定，用于栽培叶菜；栽培区Ⅱ的LED光源具有升降机构，可根据植物生长高度自行进行高度调节，可用于栽培果菜。设备区设置在柜体底部，由贮液箱、紫外线消毒灯（位于贮液箱内）、自吸泵、空调系统、液位传感器（位于贮液箱内）、风扇组成。设备控制器及驱动装置设置于柜体侧面，用户可以通过触摸屏或者 App 对设备进行控制。

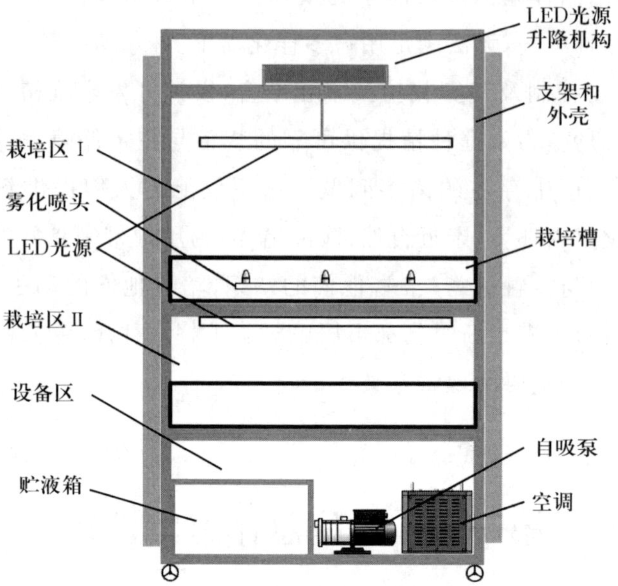

图 4.1　家庭植物工厂结构示意图

第二节　关键子系统设计

一、柜体设计

（一）框架设计与材料选择

框架是设备的骨架，由立柱、横梁等组成，用于安装设备、外围护材料等。非标自动化设备的框架常用方钢管（Q235 B）或铝型材（6063-T5 铝合金）通过铰接或者焊接而成。方钢管价格便宜、强度高、刚性好，但是结构焊接会变形，且需要进行除锈和喷漆处理，工序复杂。而铝型材截面规格多样、外观美观、不会生锈,螺丝、角码、三角筋、角链等配套装配配件齐全,组装简单方便、精度高,后续加装、改进都很方便。因此,初选 4040 工业铝型材作为框架材料,主要适用于应力较大的工业框架结构,如车间工作台、机械框架、工业扶梯踏台、安全防护围栏等,具有较强的物理性能,可以根据使用需求选用相应的连接方式,是最为常用的型材之一。其主要二维参数见表 4.1,截面形状及尺寸如图 4.2 所示,设备框架装配示意图如图 4.3 所示。

表 4.1　4040 工业铝型材主要二维参数

材质	单位重量	惯性矩		弯矩	
	$kg \cdot m^{-1}$	$I_x \cdot cm^{-4}$	$I_y \cdot cm^{-4}$	$W_x \cdot cm^{-3}$	$W_y \cdot cm^{-3}$
铝(6063-T5)	2.00	10.88	10.88	5.43	5.43

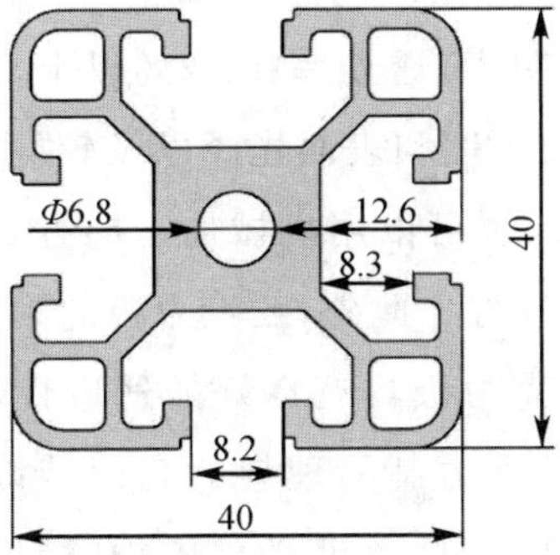

图 4.2　4040 铝型材截面形状及尺寸(单位:cm)

图 4.3　设备框架装配示意图

(二) 外围护材料的选择

人工光型植物工厂作为一种在完全封闭的条件下进行植物周期的高效生产方式,需要尽可能减少系统内的物质、能量和资源消耗,以降低生产和运行成本。与大型植物工厂不同,家庭植物工厂通常位于室内,同时为了降低系统能耗,需要尽可能地利用室内温湿度条件,因此在外围护结构和材料的选择上,不必过分考虑其隔热性能。但是,为了保证人工光系统的有效利用,需要特别关注栽培区外围护材料的避光特性,既要避免人工光的散失,又要便于观察。同时要考虑洁净、防腐、防潮等特征,以满足植物工厂内部的高湿环境及清洗消毒等操作的需要。另外,还需要考虑其密度和抗冲击性,以尽可能减少设备重量,便于搬运和移动。常用的外围护材料有亚克力、普通玻璃、钢化玻璃等，外围护材料性能比较(3 mm)见表4.2。

表4.2 外围护材料性能比较(3mm)

比较项目	材料名称		
	亚克力	普通玻璃	钢化玻璃
主要成分	甲基丙烯酸酯	硅酸盐	硅酸盐
密度	1.18 g/cm^3	2.5 g/cm^3	2.4～2.8 g/cm^3
抗冲击性	好，比普通玻璃高7～18倍	差	较好，比普通玻璃高4～5倍
工艺性	好	一般	较差
透光性	透光率92%以上	透光率88%左右	透光率85%左右
安全性	好	差	较好
价格	120～140元/m^2	18～25元/m^2	35～40元/m^2

从表4.2可知，亚克力具有水晶般的透明度，透光率在92%以上，光线柔和、视觉清晰；具有极佳的耐候性、较高的表面硬度和表面光泽以及较好的高温性能；具有良好的加工性能，既可采用热成形，也可以用机械加工的方式；密度只有玻璃的一半，但不像玻璃那么易碎，安全性好。此外，亚克力板的耐磨性与铝材接近，稳定性好，耐多种化学品腐蚀；亚克力板具有良好的适应性和喷涂性，采用适当的印刷和喷涂工艺，可以赋予亚克力制品理想的表面装饰效果。综上，栽培区外围护材料选用亚克力板材加工而成，而其他外围护材料可以选用ABS板材(丙烯腈/丁二烯/苯乙烯共聚物板)。ABS板材有优良的力学性能，高机械强度、高刚度、抗冲击强度好、耐磨性优良，尺寸稳定性好，具有耐油性，不受水、无机盐、碱及多种酸的影响，耐腐蚀性好，具有优良的电气绝缘性能，无毒无味、具染色性、成形加工和机械加工好，能耐热不变形，在低温条件下也具有高抗冲击韧性。

二、营养液循环处理系统设计

营养液栽培(nutriculture)是家庭植物工厂的主要栽培方式。营养液栽培是一种利用营养液栽培植物的方法。这种模式不用土壤作为培养基质，避免了土壤栽培经常出现的土传病害和盐类堆积以及由此引起的连作障碍和各种病害，因此生产过程中不使用农药或少用农药，产品清洁无污染。而且，营养液栽培还可实现省工、节水、省肥，免去了土壤耕作的繁重劳动，改善了农业生产的劳动条件。

根据栽培有无固体基质材料来划分，营养液栽培一般分为无基质栽培和固体基质栽培两种基本类型，如图 4.4 所示。

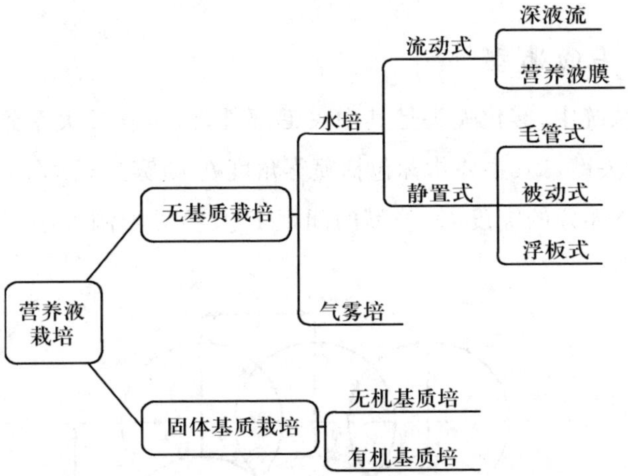

图 4.4 营养液栽培的分类

目前使用最为普遍的有 DFT(深液流)和气雾培两种栽培模式，这两种模式均可采用封闭式营养液自动循环系统进行植物栽培的全过程管理。

如图 4.5 所示，营养液循环处理系统由营养液箱、紫外线消毒灯、自吸泵、液位传感器、进水管路、回水管路、雾化喷头、栽培区构成。其中，营养液箱用于存储营养液；自吸泵用于从营养液箱内抽取营养液并提供系统所需的水压；进

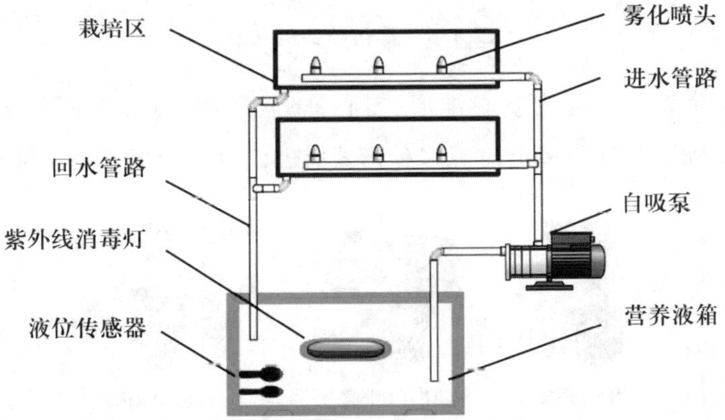

图 4.5 营养液循环处理系统的组成

水管路连接自吸泵与雾化喷头，并通过雾化喷头将营养液进行雾化，使植物根系处于雾气中而获取水肥；回水管路与栽培单元箱体连接，将营养液重新收集回营养液箱内；为了避免营养液箱内细菌的滋生，在营养液内设置紫外线消毒灯；同时，为了避免系统因营养液不足引发种植失败，在营养液箱内设置两个液位传感器。

（一）喷头的选型

气雾栽培系统中，雾化喷头是其中关键部件之一，直接关系到设备的运行效果，其选型尤为关键。其主要指标包括喷雾角度 θ、喷雾直径 D、喷嘴距被喷物体的距离 H、重叠部分的宽度 O、喷嘴的间距 P 及喷雾液滴大小等(图 4.6)。

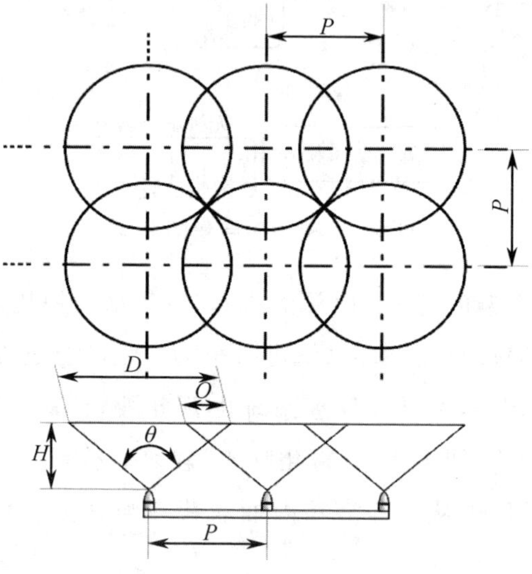

图 4.6　雾化喷头的布置

喷嘴按喷雾形状分为空心锥形、实心锥形、扇形、直线型 4 种形式，按喷嘴个数又可分为单出口和多出口等多种形式(图 4.7)。根据设备需要选用五出口

图 4.7　雾化喷头的分类

雾化喷嘴，取 $\theta=170°$。按照喷嘴矩阵式排列的要求，

$$O=D-P \tag{4.1}$$

$$P=D/\sqrt{2} \tag{4.2}$$

$$D=2H\tan(\theta/2) \tag{4.3}$$

设喷头个数为 $m\times n$（m 行 n 列），则

$$\text{喷射长度}=mD-(m-1)O\approx(0.7m+0.3)D \tag{4.4}$$

$$\text{喷射宽度}=nD-(n-1)O\approx(0.7n+0.3)D \tag{4.5}$$

本装置中，喷嘴距被喷物体的距离 $H=46$ mm，喷射面积要求覆盖 420 mm×800 mm 的矩形。分别将数值代入上述公式中，计算得 $D=521.8$ mm，$P=369.0$ mm，$O=152.8$ mm。由式(4.4)和式(4.5)可得，$m=0.72$，$n=2.56$，取 $m=1$，$n=3$，即长度方向布置 3 个喷嘴，宽度方向布置 1 个喷嘴可满足要求。因此，选择连接螺纹为 1/4 in 的四出口雾化喷头，材质为 PP＋POM，工作压力为 1.5～3.0 kg/cm^2，流量为 0.67～1.5 L/min，出水孔径为 0.8 mm，雾滴大小为 80～200 μm。为保证雾化效果，系统设计时选用工作压力为 2.5 kg/cm^2，流量为 1.2 L/min 作为设计依据，即系统总流量为 7.2 L/min。其典型连接方式如图 4.8 所示，喷头安装在三通上，三通间以 47 软管连接，47 软管为 PE 材料，内径 $d_{支}=4$ mm，外径 $D_{支}=7$ mm，系统所用 47 软管总长度 $L_{支}\approx1.3$ m。

图 4.8 雾化喷头的连接方式

（二）管道的选型和计算

管道是营养液循环的通道，通过液压系统最高工作压力及最大通过流量来选择管路材质、内径大小和壁厚。目前，通常采用 PVC U 管材，具有较好的抗拉和抗压强度；管壁光滑，对流体的阻力很小，其输水能力可比同等管径的铸铁管提高 20%；具有很好的耐酸性、耐碱性和耐腐蚀性，不需任何防腐处理；具有良好的水密性，可直接采用粘接或橡胶圈连接，使用和维护都很方便。

管道内径按下式进行计算：

$$d=\sqrt{4q_{系统}/\pi v} \tag{4.6}$$

式中：d(mm)为管道内径；$q_{系统}$(L/min)为管内流量，$q_{系统}=7.2$ L/min；v(m/s)为管中营养液的流速，一般取 0.1～0.5 m/s，若取 $v=0.1$ m/s，可得 $d=9.6$ mm。因此选用规格为 20 的 PVC-U 管材，其内径 $d_{主}=16$ mm，外径 $D_{主}=20$ mm，额定压力为 16.3 kg/cm^2。

（三）自吸泵的选型

自吸泵属自吸式离心泵，它具有结构紧凑、操作方便、运行平稳、维护容易、效率高、寿命长、较强的自吸能力等优点。管路不需安装底阀，工作前只需保证泵体内储有定量引液即可。自吸泵为喷雾系统提供持续且稳定的水压，以满足雾化喷头的工作要求。

按照特性系数法，可以确定第二层种植区最末端喷头沿程压力损失、局部压力损失和流量损失最大，为最不利喷头，其工作压力 $P_0=2.5$ kg/cm^2 $=25$ mH_2O，流量 $q_0=1.2$ L/min。自吸泵的供水压力可以表示为

$$P_{泵}=P_0+P_{沿程}+P_{局部}+H_{喷头} \tag{4.7}$$

式中：$P_{沿程}$为沿程压力损失；$P_{局部}$为局部压力损失，按照《自动喷水灭火系统设计规范》(GB 50084—2017)，局部压力损失取沿程压力损失的 20%；$H_{喷头}$为最不利喷头与自吸泵供水口的高程差，因此 $H_{喷头}=0.84$ mH_2O。

根据哈森-威廉姆斯公式，$P_{沿程}$可以表示为

$$P_{沿程}=1.13\times10^9\times L\times d^{-4.871}\times(q_{系统}/C)^{1.852} \tag{4.8}$$

式中：d 为管道内径，$d_{支}=4$ mm，$d_{主}=16$ mm；L 为管道长度，$L_{支}=1.3$ m，$L_{主}\approx1.7$ m；C 为哈森-威廉姆斯系数，取 $C=150$；$q_{系统}$为系统流量，$q_{系统}=7.2$ L/min$=0.432$ m^3/h。由此可得 $P_{支\_沿程}=9.37$ mH_2O，$P_{支\_局部}=1.85$ mH_2O，$P_{主\_沿程}=0.06$ mH_2O，$P_{主\_局部}=0.013$ mH_2O，则泵的压力 $P_{泵}=25+9.37+1.85+0.06+0.013+0.84=37.13$(m$H_2O$)$=3.71$(kg/cm^2)。因此选用 FL-34 型微型隔膜水泵（图 4.9），额定电压为 24 V，功率为 60 W，工作压力为 8.2 kg/cm^2，流量为 12.5 L/min，4 分接口。

图 4.9　微型隔膜水泵

（四）贮液箱的设计

贮液箱的主要功用是贮存营养液，同时箱体还具有散热、沉淀污物、消毒、加温等作用。贮液箱用厚度为 10 mm 的雪弗板（PVC 发泡板）黏结而成，结构如图 4.10 所示。贮液箱中间设有两个隔板，用来将吸液管与回液管隔离开，以阻挡沉淀杂物及回液管产生的泡沫；贮液箱盖板也用 10 mm 的雪弗板制造，用以安装吸液管和回液管等部件。在盖板上设有注液口用以加注营养液。贮液箱侧面开有小孔与大气相通；油箱侧面装有两个非接触式液位传感器，用以指示贮液箱内液面的高度；贮液箱底部装有泄液孔并用硅胶密封圈密封，用以在系统维护时进行排液和排污。

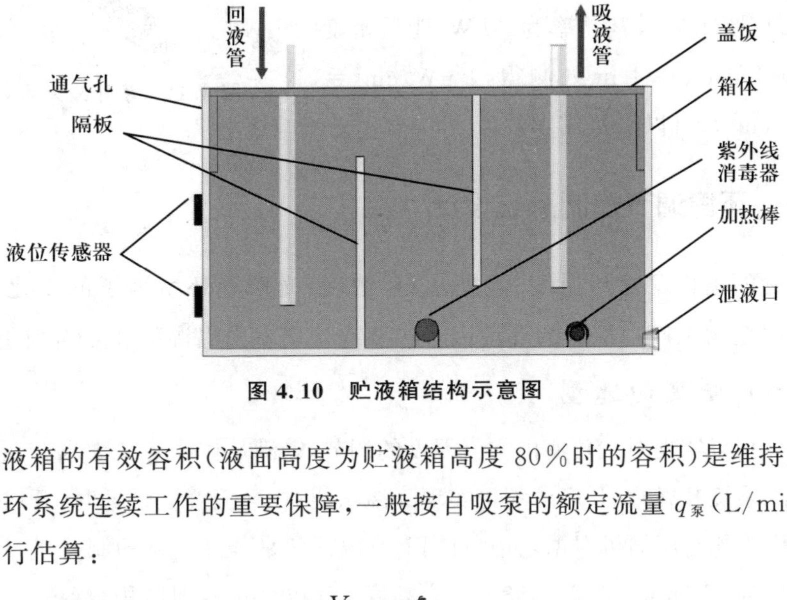

图 4.10　贮液箱结构示意图

贮液箱的有效容积（液面高度为贮液箱高度 80%时的容积）是维持系统营养液循环系统连续工作的重要保障，一般按自吸泵的额定流量 $q_{泵}$(L/min)根据下式进行估算：

$$V_{有效}=\xi q_{泵} \tag{4.9}$$

式中：$V_{有效}$(L)为贮液箱的有效容积；$q_{泵}$(L/min)为自吸泵的额定流量，$q_{泵}=12.5$ L/min；ξ 为与系统压力有关的经验系数（低压系统 $\xi=2\sim4$，中压系统 $\xi=5\sim7$，高压系统 $\xi=10\sim12$），本系统为低压系统，选 $\xi=2$。因此，贮液箱的有效容积 $V_{有效}=25$ L，总容积 $V_{总}=31.25$ L。根据系统空间，确定贮液箱的外形尺寸为 400 mm×350 mm×300 mm，估算其容积为 35.2 L，符合设计要求。

（五）紫外线消毒灯的选型

无土栽培的营养液要循环使用，在使用过程中，会受到腐霉菌、疫霉菌等菌类以及烟草花叶病毒的侵入，以致番茄枯萎病、黄瓜疫病的发生，营养液的封闭循环方式不太适合化学药剂的使用。因此，对于营养液的消毒多采用紫外线、臭氧、加热、过滤、过氧化氢、氯气、碘等物理消毒方法，目前以紫外消毒方式为主，其具有杀菌速度快、效率高、效果好、设备体积小、能耗低等特点。其工作原理是采用波长为253.7 nm的紫外线通过光化学反应将细菌等微小的有机体的结构破坏，从而实现杀毒灭菌的效果。在紫外线消毒过程中，营养液的流量和紫外线能量是主要的控制指标。试验表明，在流量小于18 L/h且紫外线能量密度大于430 mJ/cm^2时，其杀毒灭菌的效果才会显现。本设计采用的是飞利浦TUV水下潜水紫外线灭菌灯(图4.11)，其功率为30 W，能量密度为612 mJ/cm^2(在1 m处测得，1 uW/cm^2 = 3.6 mJ/cm^2)，可以满足需求。

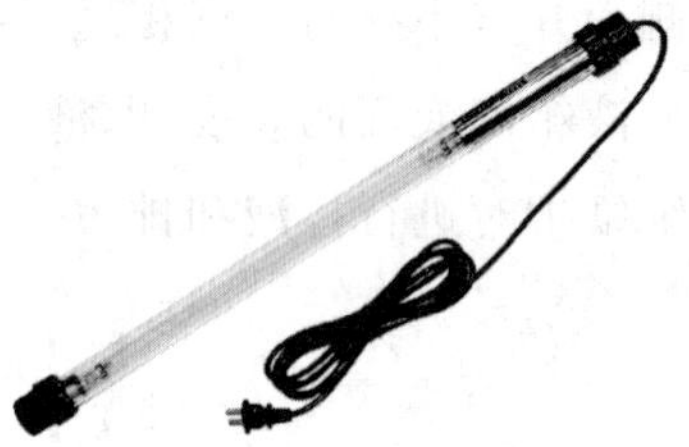

图4.11　紫外线灭菌灯

三、环境调节控制系统设计

植物的生长发育与温度、湿度、CO_2浓度、光照等环境因子的变化密切相关。家庭植物工厂中检测的环境因子主要有栽培室内温湿度和CO_2浓度。

（一）空调的选型

空调用以实现对栽培室内空气温度的调节，以满足作物生长需求。在栽培室内人工光系统开启时，开启压缩机实现降温功能；在环境温度过低时，开启加热板实现增温功能。压缩机根据栽培室体积、升温速度来选择空调的制冷量。系统栽培室长度为880 mm，宽度为580 mm，高度为1 000 mm，即体积V=0.51 m^3，设计目标是使栽培室内的空气温度的降低或升高速率为0.1 ℃/min。

按照热力学基本原理，系统总热负荷可以表示为

$$Q=Q_{漏}+Q_{内} \tag{4.10}$$

式中：Q为系统总热负荷；$Q_{漏}$为系统泄漏热负荷；$Q_{内}$为系统内部热负荷。

系统泄漏热负荷$Q_{漏}$又包括由隔热层造成的泄漏热负荷$Q_{漏_隔}$和由开门造成的泄漏热负荷$Q_{漏_开}$两部分。

隔热层造成的泄漏热负荷$Q_{漏_隔}$可以表示为

$$Q_{漏\_隔}=A\left(\frac{t_1-t_2}{2}-t_3\right)\bigg/\left(\frac{1}{k_1}+\frac{\delta}{\lambda}+\frac{1}{k_2}\right) \tag{4.11}$$

式中：t_1 和 t_2 分别为空调风进出口温度，取 $t_1=12$ ℃，$t_2=22$ ℃；t_3 为系统外温度，取 $t_3=25$ ℃；A 为柜体外表面积，$A=6.768\ \mathrm{m}^2$；k_1、k_2 分别为柜体内外表面的换热系数，k_1 取值范围为 3.5～11.6 W/(m² · ℃)，k_2 取值范围为 0.6～1.2 W/(m² · ℃)，因此取 $k_1=10$ W/(m² · ℃)，$k_2=1.0$ W/(m² · ℃)；δ 为隔热层厚度，取 $\delta=3\times10^{-3}$ m；λ 为隔热层导热率，查表得有机玻璃的导热率 $\lambda=0.18$ W/(m · ℃)。计算可得 $Q_{漏\_隔}=178.9$ W。

开门造成的泄漏热负荷 $Q_{漏\_开}$ 可以表示为

$$Q_{漏\_开}=V\rho\Delta hn/3.6 \tag{4.12}$$

式中：V 为栽培室体积，计算可得栽培室Ⅰ和栽培室Ⅱ总体积为 0.97 m³；ρ 为空气密度，查表可知 $\rho=1.225$ kg/m³；Δh 为进入栽培室内空气达到栽培室柜体温度使其降温降湿焓差值，查表可得饱和空气 24 ℃时的焓差值为 72.01 kJ/kg，16 ℃时的焓差值为 44.8 kJ/kg，计算可得 $\Delta h=27.3$ kJ/kg；n 为开门次数，取 2 次/h。计算可得 $Q_{漏\_开}=18.0$ W。

综上可得，$Q_{漏}=Q_{漏\_隔}+Q_{漏\_开}=196.9$ W。

家庭植物工厂栽培室内的热负荷 $Q_{内}$ 一般由 LED 灯管的热负荷 $Q_{内\_LED}$ 和风机的热负荷 $Q_{内\_风机}$ 构成。

LED 灯管的热负荷 $Q_{内\_LED}$ 可以表示为

$$Q_{内\_LED}=n_{LED}P_{LED}\gamma \tag{4.13}$$

式中：n_{LED} 为 LED 灯管数量，根据设计取 $n_{LED}=4$；P_{LED} 为单根 LED 灯管功率，根据设计取 $P_{LED}=24$ W；LED 灯板的功率为 100 W，γ 为 LED 灯管和灯板位置对于热负荷的影响系数，取 $\gamma=0.5$。计算可得 $Q_{内\_LED}=98$ W。

风机的热负荷 $Q_{内\_风机}$ 可以表示为

$$Q_{内\_风机}=n_{风机}P_{风机} \tag{4.14}$$

式中：$n_{风机}$ 为风机数量，根据设计取 $n_{风机}=4$；$P_{风机}$ 为单个风机功率，根据设计取 $P_{风机}=1.2$ W。计算可得 $Q_{内\_风机}=4.8$ W。

综上可得，$Q_{内}=Q_{内\_LED}+Q_{内\_风机}=102.8$ W。

最后计算可得系统总热负荷 $Q=Q_{漏}+Q_{内}=299.7$ W。出于可靠性和稳定性考虑，增加10%的安全余量，即系统的设计热负荷为329.7 W。系统选用佛山市甘之怡电器有限公司生产的GZY-200型空调，核心采用QD65型压缩机，功率为360 W，制冷量为600 W，可以满足系统要求。

（二）风机的选型

风机用以实现栽培室内空气与外界空气交换，以满足栽培室内温度、CO_2浓度等环境因子需求，根据栽培室的体积、换气频率按照下式来选择：

$$Q=Vn/N \tag{4.15}$$

式中：Q为单台风机风量（m^3/h）；N为风机数量（台）；V为栽培室体积（m^3）；n为换气频率（次/h）。

系统栽培室长度为880 mm，宽度为580 mm，高度为600 mm，即体积$V=0.31\ m^3$，换气频率$n=20$次/h（即5 min换气1次），则总换气量为$6.2 m^3/h$。根据式（4.15），选用1台台湾三巨SJ4010型轴流风机（图4.12），其额定电压为24 V，功率为1.2 W，风量为$8.4\ m^3/h$。

图4.12 轴流风机外观

四、人工光源系统设计

（一）LED灯管和LED灯板选型

光是作物生长发育不可或缺的重要环境因子之一。家庭植物工厂中的常用光源有荧光灯和LED灯两种类型。近年来，LED补光灯在光谱、节能等方面的独特优势逐渐被大家所认知，LED光源光质可调、节能高效、稳定性强、响应时间快、无污染、使用寿命长，随着LED技术的持续发展和价格的不断降低，在家庭植物工厂中采用LED补光技术成为首选。在选择光源时，从光强、光质两个维度进行考虑。一般来说，家庭植物工厂中栽培作物的光合光子通量密度（PPFD）为500～700 $\mu mol/(m^2 \cdot s)$，考虑到家庭植物工厂的经济性，家庭植物工厂人工光系统的光合光子通量密度设计为350 $\mu mol/(m^2 \cdot s)$左右。研究表明，家庭植物工厂作物采用波长为620～680 nm的红光和波长为400～500 nm的蓝光，分别按照6∶1和7∶1进行配比的光源最适合其生长。系统采用4只LED植物生长灯（T5，24 W），间距0.1 m，垂直方向距离叶片0.3 m，试验测得距离叶片 0.3m 处的 LED 灯管光合光子通量密度为 372.09 μmol/(m^2·s)，LED 灯管光合光子通量密度为 370.54 μmol/(m^2·s)满足设计要求。光照长度和开闭时间由控制策略确定，由控制系统自动控制。LED 灯管和灯板的光谱如图 4.13 所示。

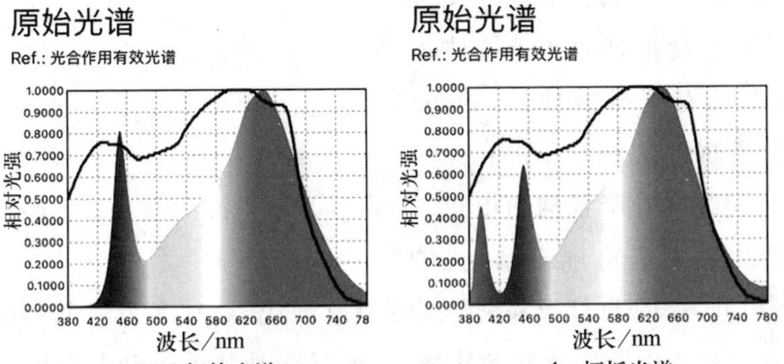

a. LED灯管光谱　　b. 灯板光谱

图 4.13　LED 灯管和灯板的光谱

（二）LED 灯板升降机构设计

LED 灯板升降机构设计用以实现 LED 灯板随不同品种作物或作物的不断生长造成的高度变化而自动升降。目前用以实现升降的机构主要有链条式、电动推杆式、钢丝绳式升降机构 3 种。

（1）链条式升降机构由电动机、控制板、减速箱、链条、链轮、壳体、行程开关等组成，如图 4.14 所示。在下降过程中，控制板接收到下降信号后，控制电机启动，经过减速箱之后将动力传给链轮，链轮的转动带动链条向外伸出，在链条伸出的过程中，壳体内部的链条越来越短，当缩短到行程开关处时，行程开关上的压片与链条分离，控制板接收到行程开关信号后控制电机关闭，链条停止运动，完成下降操作；在上升过程中，电机反向转动，链轮反向转动，带动链条收回，实现上升。市场上已有现成的部件，行程 700 mm 的升降器售价在 200～300 元。

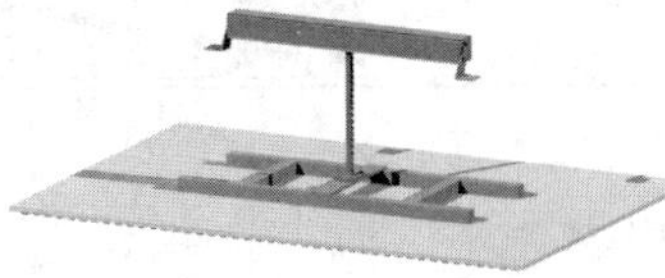

图 4.14　链条式升降机构

（2）电动推杆式升降机构由减速箱、电机、锥齿轮组、螺杆、螺杆座、螺杆轴套、套管等组成，如图 4.15 所示。工作时，电机转动，经过减速箱的调节后由锥齿轮组传递到螺杆轴套，进而带动螺杆转动，使空心螺杆座在空心螺杆上下移动，进而带动套管伸缩，通过控制电机转向完成电动推杆的上升和下降动作，当上升或下降到指定高度时，触发限位开关，断开减速箱回路，电动推杆停止上升或下降。目前市场上已有现成的部件，行程 700 mm 的升降器售价在 250 元左右。

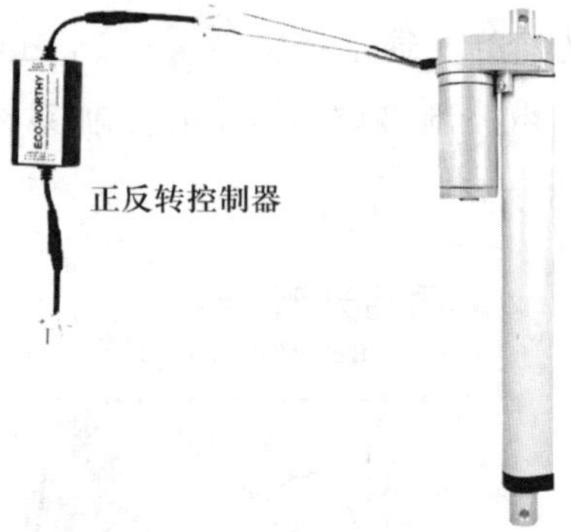

图 4.15　电动推杆式升降机构

(3) 钢丝绳式升降机构由电机、主动带轮、同步带、从动带轮、光轴Ⅰ、光轴Ⅱ、绕线轮、光电开关、LED 灯板和钢丝绳等组成，如图 4.16 所示。其工作原理是：当控制系统通过光电开关感知到作物时，通过驱动装置驱动电动机旋转，电动机轴带动主动带轮，进而通过同步带、从动带轮、光轴等传动机构带动绕线轮旋转，将钢丝绳绕到绕线轮上，将固定在钢丝绳末端的 LED 灯板提升，当电动机反转时可实现 LED 灯板下降。目前，市场上已有电机、同步带、钢丝等部件，主动带轮需要定制，综合价格在 400 元左右。

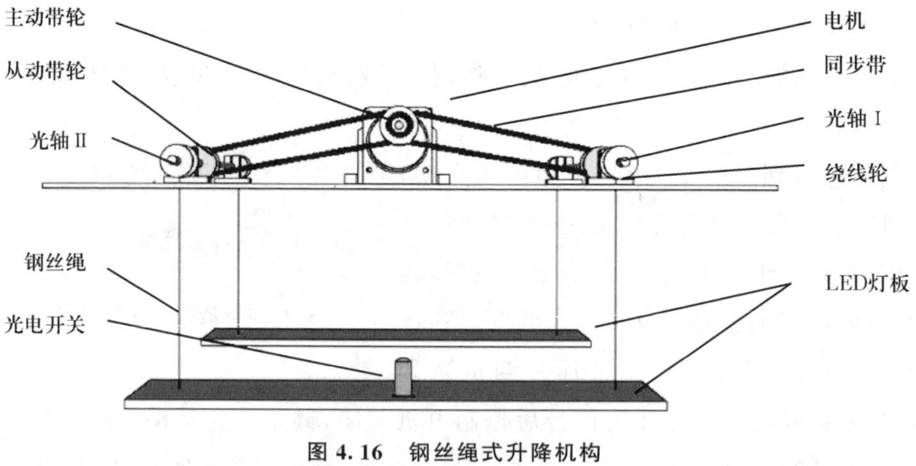

图 4.16　钢丝绳式升降机构

综合分析发现，钢丝绳式升降机构结构较为复杂，成本也较高，因为挠性传动，稳定性差，在传动过程中会造成灯板晃动，进而引起光电开关信号不稳定。链条式和电动推杆式升降机构均可以买到组件，价格适中，但电动推杆式升降机构在回缩后纵向尺寸较大，故而采用链条式升降机构。

第三节　控制系统设计

一、功能设计

控制系统由控制器、传感器、通信模块、输出控制模块及其他辅助模块组成，如图4.17所示。数据采集模块可以实现对栽培室内温度和CO_2浓度、栽培室外湿度等环境因子，营养液温度、EC(electric conductivity)值、pH等营养液因子及液位高度等信息的采集，并将采集的数据传输给核心处理器。控制系统通过Wi-Fi通信模块接入可以访问外网的路由器，并通过路由器与物联网平台

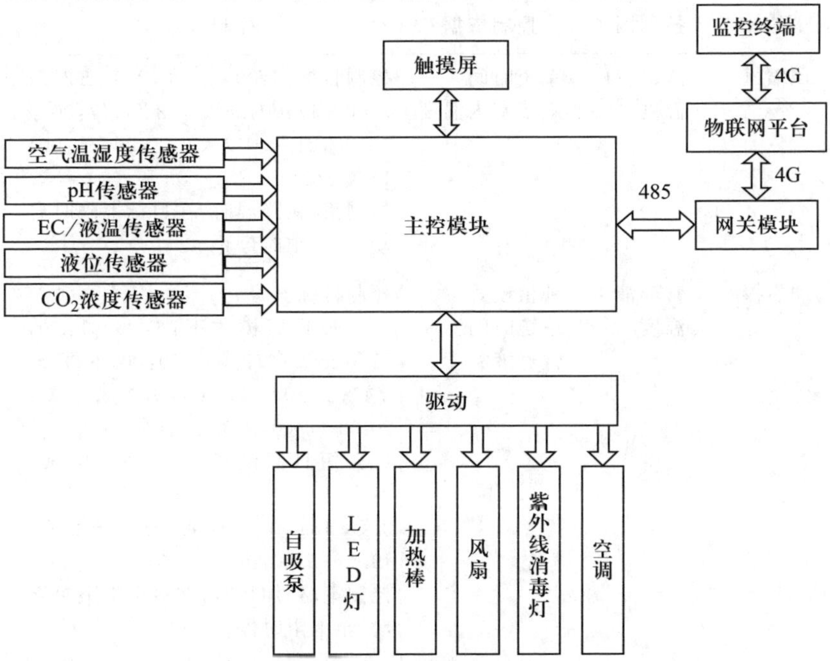

图4.17　控制系统结构

进行双向通信。核心处理器可以根据数据采集模块采集的数据，按照控制策略要求通过输出控制模块对执行设备进行控制，也可以根据手机 App 的指令对上述执行设备进行手动控制。

二、控制策略设计

控制系统每隔 30 s 采集一次传感器信息，进行数据处理后将数据显示在触摸屏上，并同时上传到物联网平台，用户也可以通过手机 App 进行查看。控制系统控制的环境因子有栽培室内的温度、湿度和 CO_2 浓度，控制的营养液因子有营养液的供给频率和时长、营养液温度及营养液消毒。对于营养液 EC 和 pH 只进行采集和报警，而不进行控制。对于栽培室内光照按照控制策略进行控制而不进行采集。各执行设备控制的因子、依据及方式见表 4.3。

表 4.3　控制系统控制策略

序号	设备名称	控制因子	控制依据	控制方式	备注
1	压缩机	栽培室内温度	系统时间 栽培室内温度	控制目标：6:00—7:00，21℃±2℃；7:00—17:00，26 ℃±2 ℃；17:00—18:00，21 ℃±2 ℃；18:00—6:00，16 ℃±2 ℃。 控制策略：降温时，在目标上限时启动，至下限时停止	
2	加热棒	营养液温度	种植模式 系统时间 营养液温度	控制目标： (1) 长日照模式下：6:00—7:00，21 ℃±2 ℃；7:00—19:00，26 ℃±2 ℃；19:00—20:00，21 ℃±2 ℃；20:00—6:00，16 ℃±2 ℃。 (2) 短日照模式下：7:00—8:00，21 ℃±2 ℃；8:00—18:00，26 ℃±2 ℃；18:00—19:00，21 ℃±2 ℃；19:00—7:00，16 ℃±2 ℃。 控制策略：加热时，在目标下限时启动，至上限时停止	
3	LED_A 组	光照	种植模式 系统时间	短日照模式：8:00—18:00，开启 长日照模式：7:00—19:00，开启	

续表 4.3

序号	设备名称	控制因子	控制依据	控制方式	备注
4	LED_B组	光照	种植模式 系统时间	短日照模式:7:00—19:00,开启 长日照模式:6:00—20:00,开启	
5	自吸泵	营养液供给	栽培室外湿度 系统时间	控制目标: 模式 A:当湿度传感器值不低于70%时,每隔 40 min 启动 40 s; 模式 B:当湿度传感器值小于 70%且不低于 30%时,每隔 40 min 启动50 s; 模式 C:当湿度传感器值小于 30%,每隔 40 min 启动 60 s。 控制要求:在单数小时的整点和第40 分钟、双数小时第 20 分钟交替启动	液位开关1-2有信号时停止
6	风机	栽培室内空气温湿度、CO_2浓度	系统时间	每 1 h 启动 5 min,半点启动	
7	紫外线消毒机	营养液消毒	系统时间	7:00—19:00 开启,其余时间关闭	

三、硬件实现

(一) 控制器

控制器是系统的控制核心,是指按照预定的控制策略,根据传感器采集的数值控制执行设备的启动、关闭的主令装置。控制器一般有可编程控制器(PLC)、单片机、PC 机、工控机等几种形式。表 4.4 中显示的是 4 种常用控制器的性能比较。

表 4.4 常用控制器的性能比较

比较项目	控制器类型			
	PC 机	单片机	PLC	工控机
系统功能	数据、图像、文字处理	简单逻辑，模拟量控制	逻辑控制为主，可配模拟量模块	逻辑和模拟量控制
硬件设计	无需设计	复杂	简单	简单
程序语言	多种语言	汇编语言、C 语言	梯形图	多种语言
软件开发	复杂	复杂	简单	较复杂
运行速度	快	较慢	慢	很快
带负载能力	差	差	强	强
抗干扰能力	差	差	强	强
成本	较高	很低	较高	很高

从表 4.4 中可以看出，基于工控机的控制系统硬件开发量小，软件组态方便，易于实现温室的群控和网络化管理，但是价格昂贵，安装费用和后续维修维护费用也较高。PLC 控制力强、操作灵活方便、可靠性高、适宜长期工作，但成本略高。如采用单片机作为下位机核心，需要开发接口电路和底层程序，硬件成本低，但可靠性差，开发周期长。

综合考虑技术和成本等因素，系统采用苏州美禾威电子科技有限公司生产的 MHW6070-1212 MR-6AD 型触摸屏 PLC 一体机作为系统控制器(图 4.18)。该控制器集触摸屏显示和 PLC 控制于一体，PLC 兼容三菱 FX2N 系列，采用 7 寸触摸屏，具有光耦隔离的 12 路开关量输入和 12 路开关量输出；支持 6 路 4～20 mA 模拟量信号输入，具有 485 通信口，支持 MODBU RTU 通信协议。

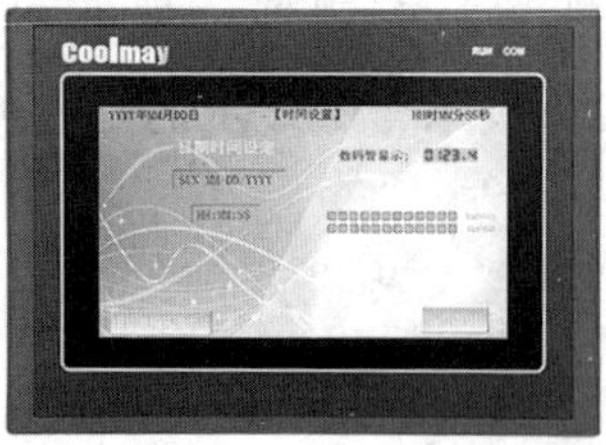

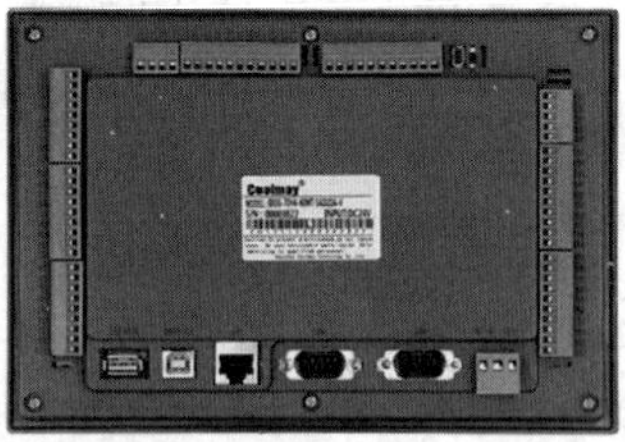

图 4.18 触摸屏 PLC 一体机外观

(二) 网关模块

网关模块是系统的核心模块之一,用于在网络层以上实现网络互联,分别与设备和云平台连接,通过无线方式与智能交互终端等产品进行数据交互,从而实现手机等终端对设备的远程监测与控制。系统中选用西安云垦电子信息科技有限公司开发的 YK-G316G-B 型网关模块(图 4.19)实现 Modbus 与 MQTT 通信协议的转换。其支持 RS485 Modbus RTU 协议和 MQTT V3.1.1 协议,数据上报为 JSON 格式;支持数据定时上报及变化上报;支持远程向从机写入数据及远程 MQTT 协议配置网关参数。

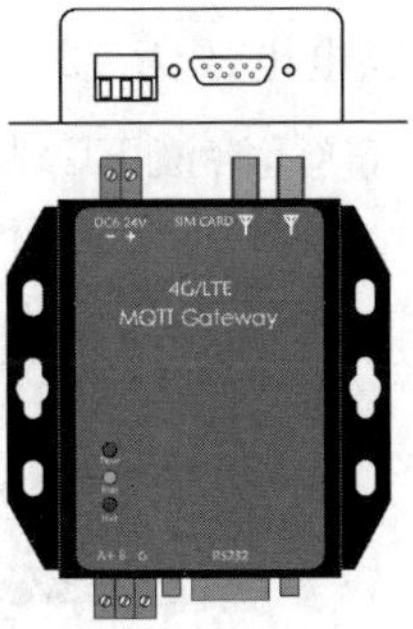

图 4.19 网关模块外观

(三) 液位传感器

液位传感器用以指示营养液液位高度,避免因液位过低造成作物死亡或自吸泵损坏。常用的液位传感器有接触式和非接触式两种,如图 4.20 所示。接触式液位传感器以防腐 PP 塑料鸭嘴式液位开关,其结构简单、不会干扰、不受液体类型限制,但因为是机械工作方式,使用一段时间后容易受到水垢或其他杂物影响。非接触式液位传感器采用了先进的信号处理技术及高速信号处理芯片,安装于容器外壁,无需对容器开孔、安装简易,不与液体直接接触,感应管壁厚度可达 20 mm,不受强酸、强碱等腐蚀性液体的腐蚀以及水垢或其他杂物影响。因此,系统选用 XKC-Y26-V 型非接触式液位传感器,额定电压为 24 V,输出电流为 1～100 mA,响应时间为 500 ms,误差为±1.5 mm。

(a) 接触式　　(b) 非接触式

图 4.20 液位传感器外观

(四) EC 和液温传感器的选型

EC 和液温传感器用以指示营养液的 EC 值和温度,避免因 EC 值过高或过低、营养液温度过低影响作物生长。系统选用石家庄龙腾伟业科技有限公司出品的 LT-CG-S/Y-005-A0700-12 溶液 EC、温度二合一传感器(图 4.21),其将溶液 EC 值(盐分)、温度的测量集成在一个传感器内,输出 2 路 4～20 mA 模拟信号,供电电压为 12～24 V DC,溶液温度测量范围为－40～80 ℃,测量精度为±0.5 ℃,溶液 EC 为 0～10 ms/cm,测量精度为±3%。

图 4.21　溶液 EC、温度二合一传感器外观

(五) pH 传感器的选型

溶液 pH 传感器用以采集营养液 pH,能够反映出营养液中氮的浓度、钾的浓度,避免因营养液 pH 过高或过低对于作物生长造成影响。溶液 pH 传感器外观如图 4.22 所示,其采用直流供电,额定电压为 12～24 V,工作温度为－10～55 ℃,温度范围为 10%～95%RH,pH 测量范围为 0～14,测量精度为±0.1。

(六) 空气温湿度传感器的选型

空气温湿度传感器用以采集栽培室内的温度值和栽培室外的湿度值。系统选用石家庄龙腾伟业科技有限公司出品的 LT-CG-S/D-005-A0000-12 型分体式空气温湿度传感器(图 4.23),探头选用温湿度专用 MEMS 模块,并由单片机线性化调理,产品测量精度高,互换性好,免标定,输出 2 路 4～20 mA 模拟信号,额定电压为 12～24 V DC,最大功耗为 650 mW,空气温度测量范围为－40～80℃,测量精度为±0.5℃,空气湿度测量范围为 0～100% RH,测量精度为±3% RH。

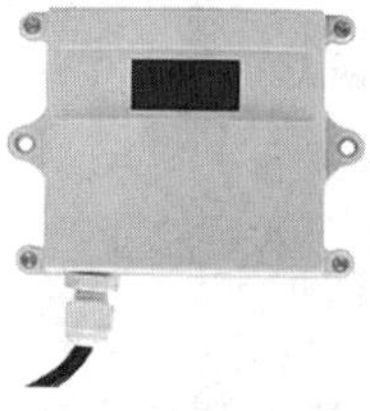

图 4.22　溶液 pH 传感器外观

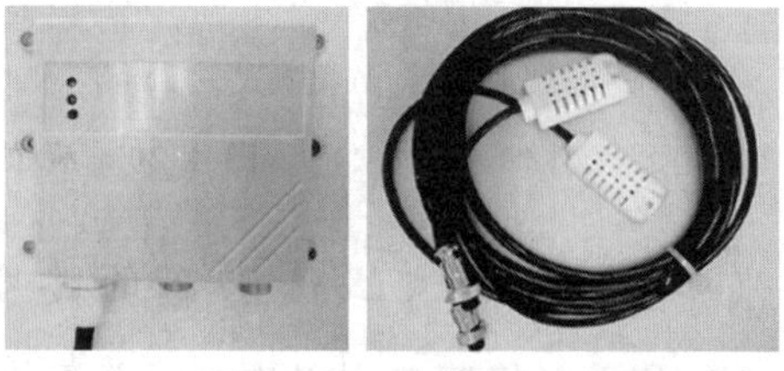

图 4.23　空气温湿度传感器外观

（七）CO_2 浓度传感器的选型

CO_2 浓度传感器用以采集栽培室内的 CO_2 浓度值，避免因 CO_2 浓度过低对于作物光合作用造成不良影响。系统选用石家庄龙腾伟业科技有限公司出品的 LT-CG-S/D-005-A0500-H-12-V1.2 型 CO_2 浓度传感器（图 4.24），根据 NDIR 测量原理，其由红外光源、滤光片、红外接收探测器、测量气室等高精密元件组成。它测量精度高，线性度好，1 路 4～20 mA 模拟信号输出，供电电压为 12～24 V DC，最大功耗为 1 000 mW，测量范围为 0～0.2%，测量精度为±4%。

图 4.24　CO_2 浓度传感器外观

四、云平台的选择与配置

近年来，随着物联网应用技术的快速发展，物联网逐渐成为各大云计算厂商重点发力的方向，提供包含接入、存储、管理、计算、展示等多个方面的服务。目前市面上有各种各样的云服务器产品，包括阿里云、腾讯云、百度云、OneNET 等。各个平台在技术架构、基础功能方面差异不大，但按照功能和可用性进行比较分析（表 4.5），可以发现阿里云是个人开发者的理想选择。

表 4.5　主要物联网云平台的比较

平台名称	功能	可用性	主要特点
百度云	很少	友好	百度云平台注册后可以方便地配置云端，但是功能偏少，只能实现简单的监测、控制和统计功能。设备端目前仅支持 FreeRTOS，配置较为烦琐，目标客户群以企业用户为主。开发文档不是很详细，对个人开发者不友好，接入门槛高
阿里云	较多	友好	支持快速接入，通过提供设备端不同环境下 SDK，可以帮助设备快速连接云端；阿里云物联网平台具有亿级设备的长连接能力，百万级并发的能力；提供多重防护保障设备云端安全；稳定可靠
腾讯云	较少	不友好	只有企业可以申请。QQ 账号体系和 QQ 消息通道是其突出特色，硬件会以 QQ 好友的形式直接与 QQ 互传消息。接入为芯片级，不能通过简单调用 API 实现。对个人开发者不友好
OneNET	较多	友好	免费且功能强大。可以直接拖动图表、开关、地图等元素在线创建应用，在电脑端和移动端进行使用

阿里云物联网是阿里巴巴集团推出的专业物联网服务平台，提供云管边端等基础产品接入及技术赋能，提供安全可靠的设备连接通信能力，支持设备数据采集上云，支持规则引擎流转数据和云端数据下发设备端。此外，也提供方便快捷的设备管理能力，支持物模型定义，数据结构化存储和远程调试、监控、运维。物联网平台还提供了其他增值能力，如设备管理、规则引擎、数据分析、边缘计算等，为各类物联网场景和行业开发者赋能。

五、软件实现

（一）PLC 程序设计

PLC 程序设计采用三菱电机 GX Works2 PLC 软件平台，以梯形图作为编程语言，按照结构化工程的编程方式，进行程序编辑，参数设定，网络设定，程序监控、调试及在线更改，智能功能模块设置等设计。程序包括主程序、数据采集子程序、通信子程序、输出控制子程序等部分。

1. 主程序设计

主程序是程序的主干，是程序的入口，它的主要的任务是设置主程序的起始点、对系统初始化、调用各子程序、控制事件循环，以及当退出程序时，恢复系统的原始环境。系统运行时，首先启动主程序，然后由主程序调用子程序和其他组件。其流程图如图 4.25 所示。

主程序完成初始化工作，进行数据采集，判断是否收到触摸屏或网关指令，如否，则依次向网关模块和触摸屏上报状态数据，根据采集值与设定值的比较结果，决定是否调用输出控制子程序完成各种控制量的输出。以上流程循环往复不断执行。

2. 数据采集子程序

数据采集子程序根据输入参数对相应的模拟信号进行采样、量化及处理，将相应信号的数值赋予相应寄存器中，并返回主程序。其流程图如图 4.26 所示。

3. PLC 从站模式程序设计

在 PLC 与网关模块的 Modbus 通信中，将网关模块设置为主站，PLC 设置为从站。PLC 从站设置程序如图 4.27 所示。

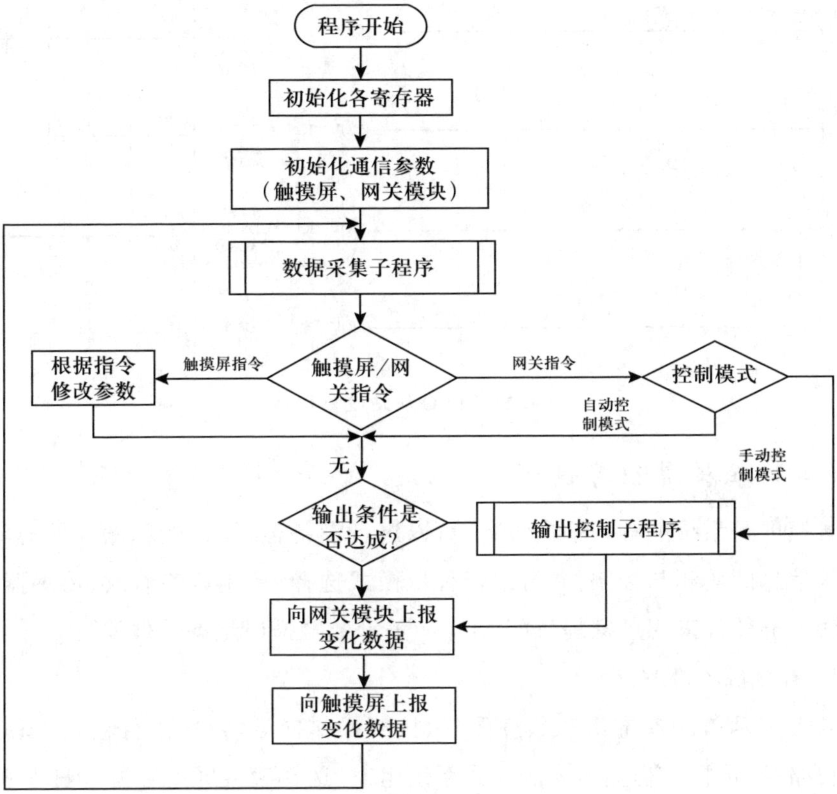

图 4.25 主程序流程图

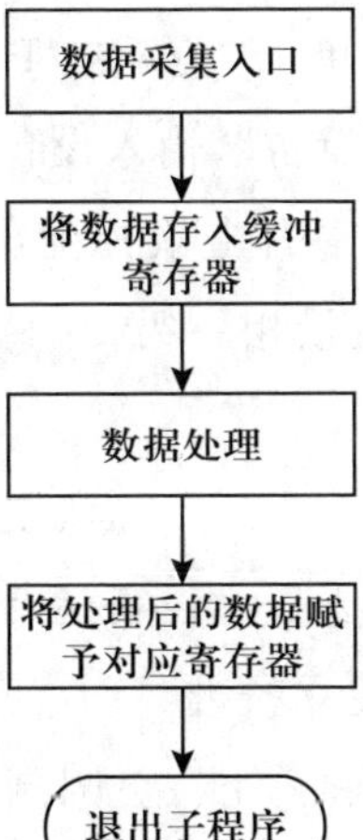

图 4.26 数据采集子程序流程图

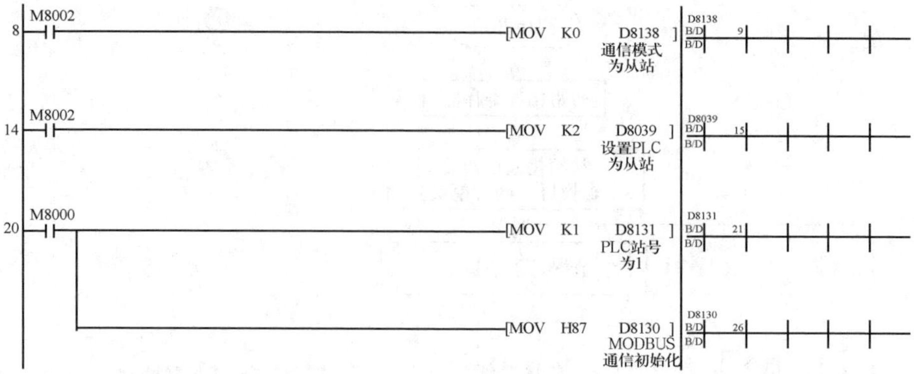

图 4.27　PLC从站设置程序

（二）触摸屏程序设计

触摸屏是系统的输入输出设备，可以进行设备运行状态、环境因子、营养液因子等信息的监测与控制，并可进行种植模式选择、控制策略修改、传感器校准等。触摸屏软件采用厂家提供的 MHW 美禾威触摸屏组态软件编写。

1. 新建触摸屏程序

双击美禾威触摸屏组态软件图标，按照操作向导，依次进行输入工程名称和工程路径，选择工程类型为嵌入式系统组态，选择触摸屏型号为 MHW-6070，设置端口为 COM1、波特率为 19200，完成程序建立。

2. 触摸屏与 PLC 通信设置

在软件窗口左侧导航栏中，单击“美禾威 PLC 专用端口”，并右击鼠标，在弹出的菜单中选择并单击“新建设备”，输入设备名称为“设备 2”，然后在右面的变量页面中增加变量，在变量页中右击鼠标弹出窗口，分别设置 M、D、Y、X 等类型变量，并与 PLC 程序中的变量相一致。

3. 建立页面与窗口

在软件窗口左侧导航栏中，建立主画面（欢迎页面）、主页面、模式选择、专家模式、EC 报警等页面，分别用于显示设备运行状态、环境因子、营养液因子等信息，进行种植模式的选择等；建立校准界面、压缩机模式、LED 模式、自吸泵模式等窗口，分别用于进行传感器的校准、空调制冷等设备的控制策略。其中一些页面如图 4.28 至图 4.31 所示。

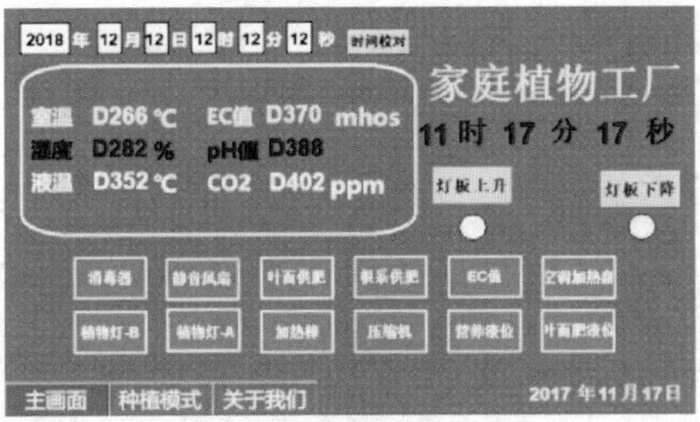

图 4.28 触摸屏主页面

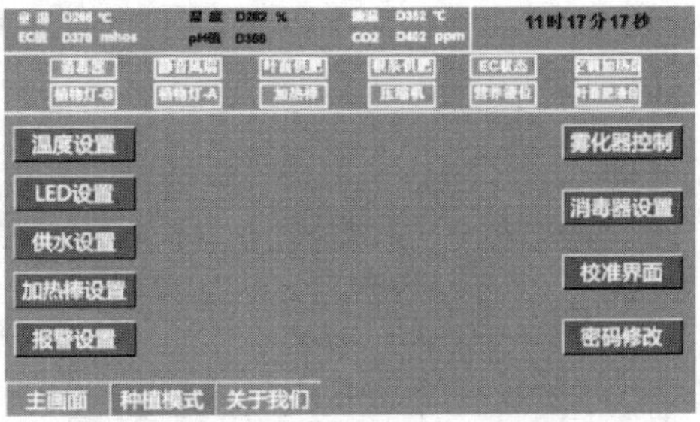

图 4.29 专家模式页面

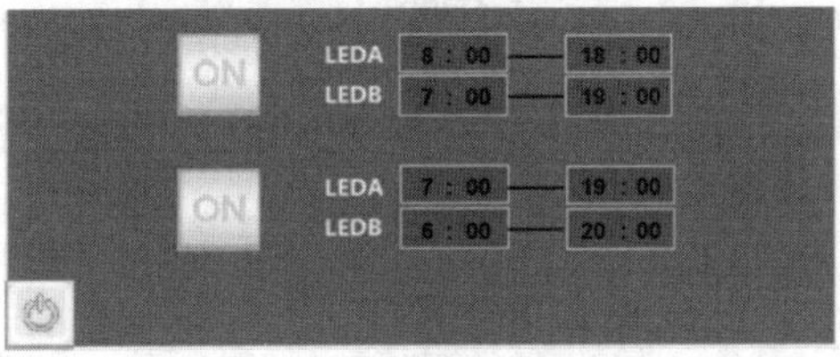

图 4.30 LED 控制主页面

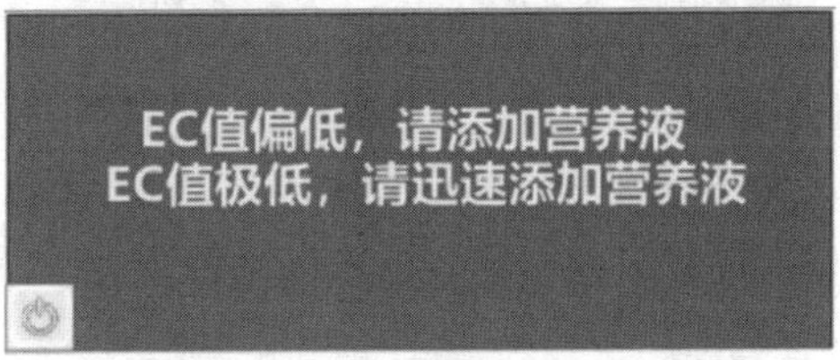

图 4.31 EC 报警页面

在页面和窗口建立中，主要用到的组件有文字（如室温 D266 等），按钮（如灯板上升按钮、页面切换按钮等），图形（如消毒器、风机等设备状态的显示）。使用文字组件时，首先单击文字按钮，在页面空白区域滑动鼠标选择文字位置，选中文字，在右侧属性框（图 4.32）中进行文本内容、大小、颜色、对齐方式的设置，以及动态属性（如数值显示）、操作（如设置数值）等设置。使用按钮组件时，单击按钮，在页面空白区域滑动鼠标选择按钮位置，选中按钮，在右侧属性框（图 4.33）中进行填充颜色、文本、字体、文字颜色等属性以及操作的设置，并在对应的属性设置中关联变量。使用图形组件时，单击图形按钮，在页面空白区域滑动鼠标选择图形位置，选中图形，在右侧属性框（图 4.34）中进行填充颜色、线条等属性以及动态属性的设置，并在对应的属性设置中关联变量或变量的表达式。

4. 触摸屏程序下载

将 U 盘插入 PC 机的 USB 接口中，单击“菜单”→“工具”→“工程下载到 U 盘”，完成程序的下载；将 U 盘从电脑拔下后，插入一体机的 USB 口，弹出更新菜单，单击“更新工程文件”，完成程序的更新。

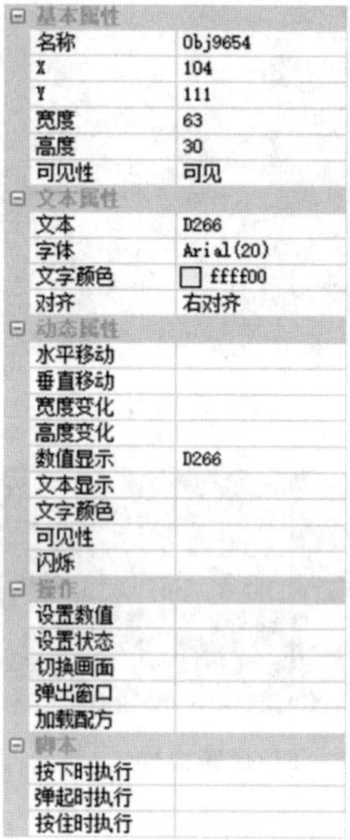

图 4.32　文字属性框

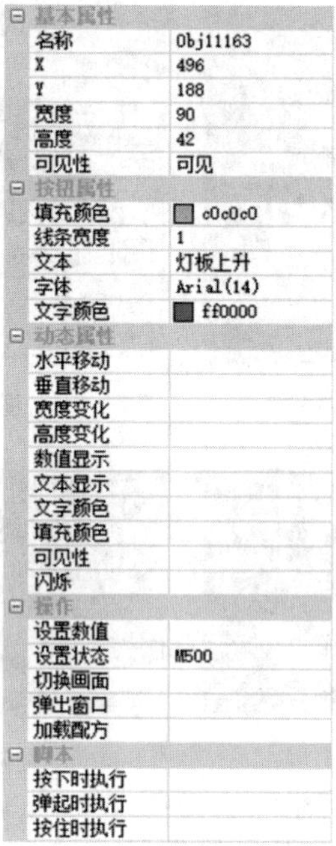

图 4.33　按钮属性框

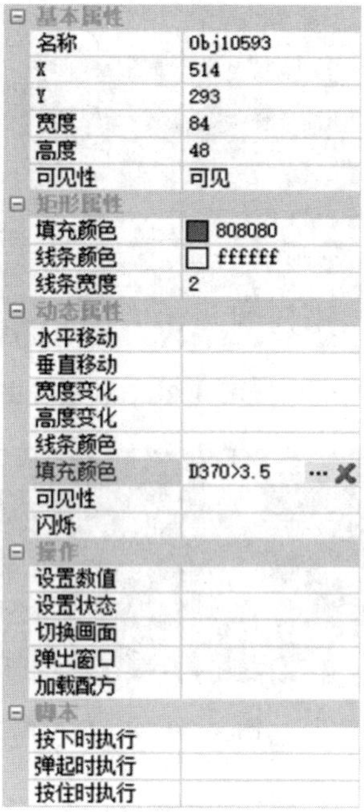

图 4.34　图形属性框

（三）阿里云设备的创建与接入

1. 创建产品与设备

参考阿里云网站“阿里云物联网平台快速入门”，登录物联网平台（管理控制台），在左侧导航栏选择“设备管理”→“产品”，进入产品管理页面，单击创建产品（图 4.35）。产品名称填写“气雾栽培式家庭植物工厂”；节点类型选择为“直连设备”；连网方式选择“蜂窝（4G）”；数据格式采用 ICA 标准数据格式（Alink JSON）。

在左侧导航栏选中“设备管理”→“设备”，进入设备管理页面。单击添加设备，选中上一步创建的产品，输入设备名称为“PLC01”，如图 4.36 所示，单击“确认”完成设备的创建。

2. 定义产品物模型

阿里云物联网平台支持为产品定义物模型，将实际产品抽象成由属性、服务、事件所组成的数据模型，便于云端管理和数据交互。其中，一般将属性设置为 485 设备数据/状态的上传和下达，将事件设置为故障/报警。

图 4.35　创建产品

图 4.36　创建设备

在产品列表中，选中创建的产品，单击查看，进入产品详情页，单击功能定义，自定义功能栏添加功能，如图 4.37 所示，将室内温度、自吸泵开关定义为属性，室内温度设为浮点型，标识符为 TEMP；自吸泵开关设为布尔型，标识符为 PUMP，分别设置布尔值对应含义。据此，分别设置湿度、EC 值、pH、CO_2 浓度等环境因子，LEDA、LEDB、空调加热、空调制冷、风机等设备状态及控制模式、空调制冷控制等设备开关的物模型。产品物模型一览表见表 4.6。

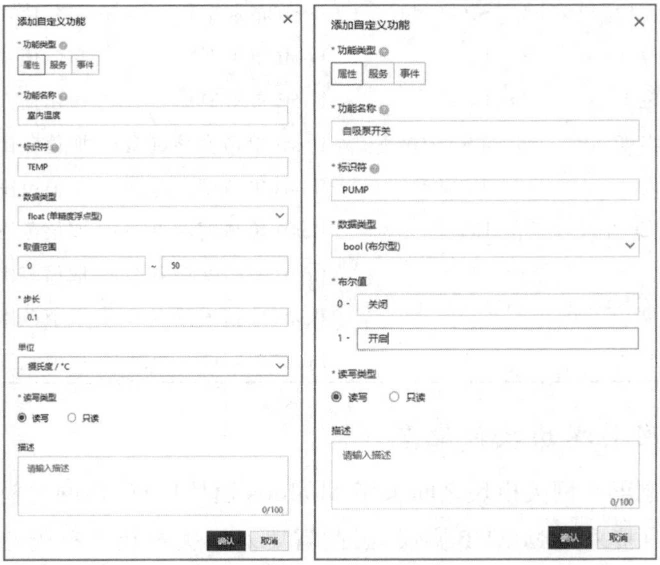

图 4.37　定义产品物模型

表 4.6 产品物模型一览表

序号	功能名称	标识符	数据类型	数据定义
1	风机控制模式	FAN_C	bool(布尔型)	布尔值:0-关闭 1-打开
2	空调制热控制模式	HEATER_C	bool(布尔型)	布尔值:0-关闭 1-打开
3	空调制冷控制模式	COMP_C	bool(布尔型)	布尔值:0-关闭 1-打开
4	营养液加热控制模式	HEATER2_C	bool(布尔型)	布尔值:0-关闭 1-打开
5	消毒灯控制模式	STEN_C	bool(布尔型)	布尔值:0-关闭 1-打开
6	空调制冷开关	COMP	bool(布尔型)	布尔值:0-关闭 1-打开
7	空调加热开关	HEATER	bool(布尔型)	布尔值:0-关闭 1-打开
8	LEDA 开关	LEDA	bool(布尔型)	布尔值:0-关闭 1-打开
9	LEDB 开关	LEDB	bool(布尔型)	布尔值:0-关闭 1-打开
10	风机开关	FANS	bool(布尔型)	布尔值:0-关闭 1-打开
11	自吸泵控制模式	PUMP_C	bool(布尔型)	布尔值:0-关闭 1-打开
12	LEDA 控制模式	LEDA_C	bool(布尔型)	布尔值:0-关闭 1-打开
13	LEDB 控制模式	LEDB_C	bool(布尔型)	布尔值:0-关闭 1-打开
14	控制模式选择	MODE	bool(布尔型)	布尔值:0-关闭 1-打开
15	营养液加热器开关	HEATER2	bool(布尔型)	布尔值:0-关闭 1-打开
16	紫外线消毒灯开关	STEN	bool(布尔型)	布尔值:0-关闭 1-打开
17	自吸泵开关	PUMP	bool(布尔型)	布尔值:0-关闭 1-打开
18	灯架高度检测	SPAC	bool(布尔型)	布尔值:0-关闭 1-打开
19	营养液位 2	LC2	bool(布尔型)	布尔值:0-关闭 1-打开
20	营养液位 1	LC1	bool(布尔型)	布尔值:0-关闭 1-打开
21	营养液温度	TEMPW	float(单精度浮点型)	取值范围:0～70
22	室内温度	TEMP	float(单精度浮点型)	取值范围:0～80
23	营养液 EC 值	EC	float(单精度浮点型)	取值范围:0～5
24	pH	pH	float(单精度浮点型)	取值范围:0～14
25	CO_2 浓度	CO_2	float(单精度浮点型)	取值范围:0～2 000
26	室内外湿度	HUMI	float(单精度浮点型)	取值范围:0～99

(四) 网关模块软件配置

PLC 控制器与网关模块之间采用 Modbus 通信协议，而网关模块与阿里云物联网平台直接采用 MQTT 协议，因此需要对网关模块进行配置。打开网关模块配置软件 Modbus to MQTT Configrator，再打开串口，进入配置，在配置工具勾选阿里云(蓝色勾选框),弹出阿里云配置窗口(图 4.38),将阿里云产品的 ProductKey、DeviceName、DeviceSecret 填入对应的文本框,确认后会自动生成表单。

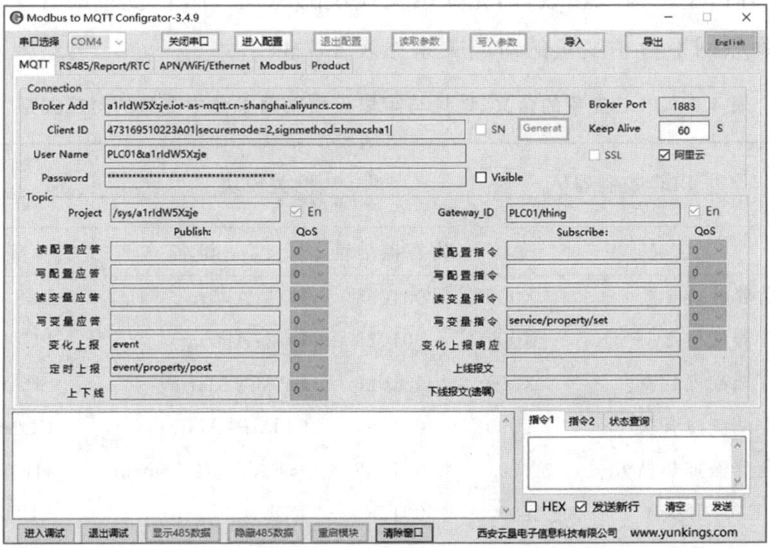

图 4.38 网关配置界面

网关配置完成后,需要添加 Modbus 变量实现阿里云物联网平台变量与 PLC 变量间的对应关系。单击配置软件 Modbus 选项卡中的添加变量按钮,打开添加变量界面,如图 4.39 所示。

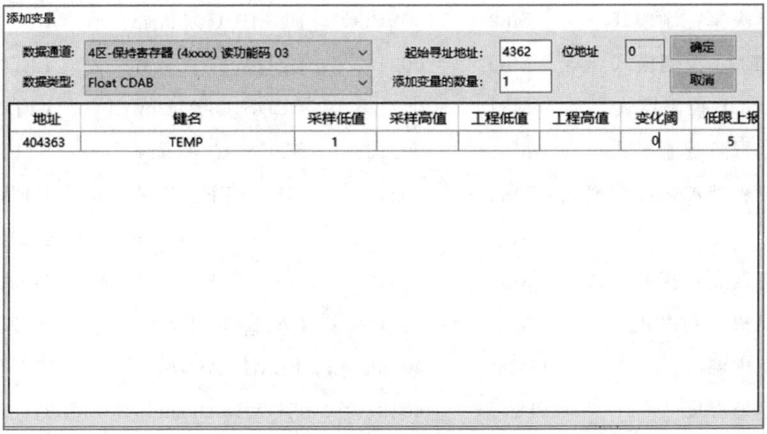

图 4.39 添加变量界面

选择相应数据通道和数据类型(bool 型选择 0 区,浮点型选择 4 区,键名与阿里云物联网平台中定义的标识符一致),添加寻址地址(寻址地址与 PLC 中变量的地址一致),并按照变量要求设置变化阈、低限上报、高限上报等参数。设置完毕后,单击写入参数,即完成网关模块的配置。PLC 变量的含义、地址与阿里云物联网平台中变量的对应关系见表 4.7。

表 4.7 PLC 变量的含义、地址与阿里云物联网平台中变量的对应关系

序号	PLC 控制器		网关模块		阿里云物联网平台
	含义	变量	寄存器地址	键名	标识符
1	营养液位 1	X000	001025	LC1:Alarm	LC1
2	营养液位 2	X001	001026	LC2:Alarm	LC2
3	灯架高度检测	X003	001028	SPAC:Alarm	SPAC
4	空调制冷开关	Y000	001281	COMP:Alarm	COMP
5	营养液加热器开关	Y001	001282	HEATER2:Alarm	HEATER2
6	LEDA 开关	Y002	001283	LEDA:Alarm	LEDA
7	LEDB 开关	Y003	001284	LEDB:Alarm	LEDB
8	空调加热开关	Y004	001285	HEATER:Alarm	HEATER
9	紫外线消毒灯开关	Y005	001286	STEN:Alarm	STEN
10	风机开关	Y006	001287	FANS:Alarm	FANS
11	自吸泵开关	Y012	001291	PUMP:Alarm	PUMP
12	模式选择	M8	002057	MODE:Alarm	MODE
13	自吸泵控制模式	M82	002129	PUMP_C:Alarm	PUMP_C
14	LEDA 控制模式	M80	002130	LEDA_C:Alarm	LEDA_C
15	LEDB 控制模式	M81	002131	LEDB_C:Alarm	LEDB_C
16	消毒灯控制模式	M83	002132	STEN_C:Alarm	STEN_C
17	营养液加热控制模式	M84	002133	HEATER2_C:Alarm	HEATER2_C
18	空调制冷控制模式	M85	002134	COMP_C:Alarm	COMP_C
19	空调制热控制模式	M86	002135	HEATER_C:Alarm	HEATER_C
20	风机控制模式	M87	002136	FAN_C:Alarm	FAN_C
21	室内温度	D266	404363	TEMP:Alarm	TEMP
22	室外湿度	D282	404379	HUMI:Alarm	HUMI
23	营养液温度	D352	404449	TEMPW:Alarm	TEMPW

续表 4.7

序号	PLC 控制器		网关模块		阿里云物联网平台
	含义	变量	寄存器地址	键名	标识符
24	营养液 EC 值	D370	404467	EC:Alarm	EC
25	pH	D388	404485	pH:Alarm	pH
26	CO_2 浓度	D402	404499	CO_2:Alarm	CO_2

（五）应用软件设计

应用是用户通过手机、计算机、Pad 等终端设备与系统进行交互的平台。常用的开发平台有 Android Studio、Xcode、易安卓(E4A)等，另外各物联网平台也提供了可视化的在线应用开发工具。阿里云物联网平台 IoT Studio Web 可视化开发工具，可与阿里云设备接入与物模型无缝打通，无须写代码即可直接在可视化配置中选择对应的产品和设备，调用设备数据或进行设备控制。通过拖拽的方式轻松搭建仪表盘、设备控制面板或 Web 应用，提供丰富可自定义的组件。

1. 新建应用

在阿里云物联网平台左侧导航栏单击 Iot Studio 中的 Web 可视化开发工具，输入项目名称为“气雾栽培式家庭植物工厂”，确定后单击项目名称进入开发界面。如图 4.40 所示，在页面设置中，单击“页面分辨率”下拉框，选择“自定义”，在出来的选项中修改画布分辨率为 375 * 667；选择“上传图片”，在弹框中选择背景图片，完成背景图片设置。

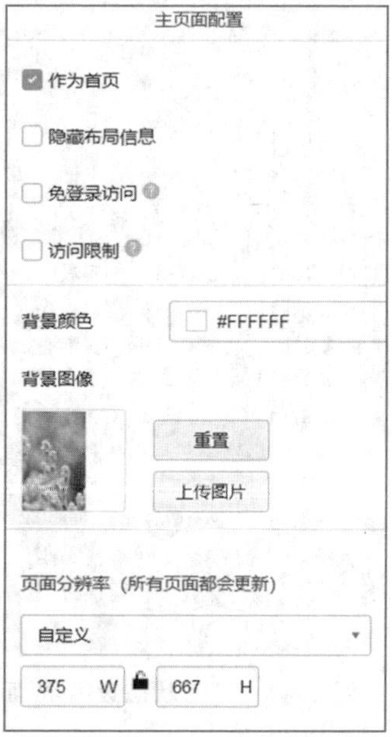

图 4.40　页面设置界面

2. 设置标题和时间

拖拽左侧组件的文字到画布，在右侧操作栏中设置文字内容为“气雾栽培式家庭植物工厂”及文字样式，并调整到合理的位置。拖拽时钟组件到画布，将展示格式设为日期时间，调整背景颜色不透明度为 0，调节文字字号和颜色,调整边框宽度为0,拖拽组件到合适的位置,如图4.41所示。

3. 设置设备状态显示及环境因子实时曲线

拖拽开关组件到画布上,将样式类型选择为图片,上传对应状态的图片。拖拽文字组件到开关图片上作为标题“LEDA”。单击已经配好的开关图片,选择右侧导航栏的数据面板,单击数据源配置,在数据源配置处选择已经建好的产品“气雾栽培式家庭植物工厂”及设备“PLC01”,选择属性“LEDA开关”,单击“确定”完成配置。按照上述步骤完成其他设备状态显示,如图4.42和图4.43所示。

图4.41 标题和时间设置界面

图4.42 设备状态设置界面

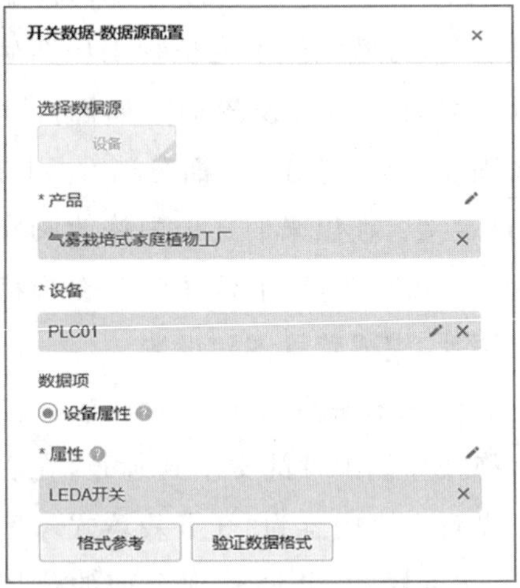

图4.43 数据源配置界面

拖拽实时曲线组件到画布上，单击组件，选择右侧导航栏的数据面板，单击数据源配置，在数据源配置处选择已经建好的产品“气雾栽培式家庭植物工厂”及设备“PLC01”，关联设备属性后，对每个系列进行命名，并且更改相应线条的颜色。打开时间选择器选项后，组件的顶部会出现时间范围选择和时间单位选择。上述设置结果如图 4.44 和图 4.45 所示。

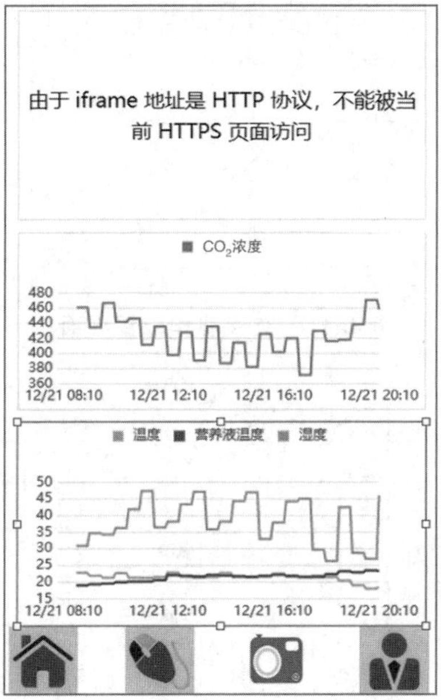

图 4.44 实时曲线设置界面

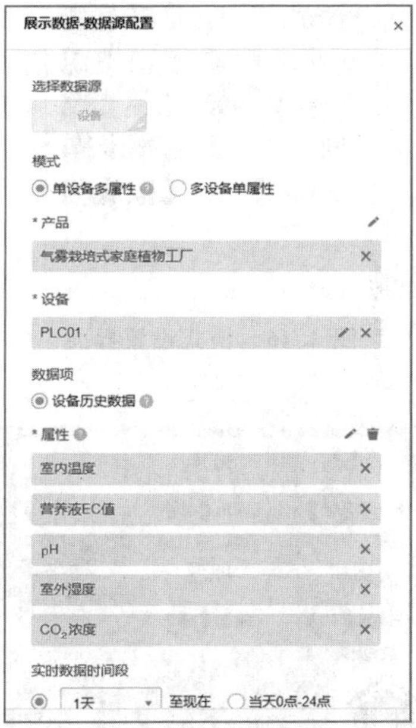

图 4.45 数据源配置界面

4. 设置模式选择与设备控制

单击新建页面，使用文字组件设置页面标题为“设备控制”“模式选择”。拖拽两个按钮组件到画布上，单击组件对按钮命名为“手动”和“自动”，单击按钮组件，在右侧的交互选项卡中完成交互动作配置，并参照以上步骤进行“LEDA”“自吸泵”等设备开关的设置，如图 4.46 和图 4.47 所示。

5. 设置页面导航

拖拽 4 个图片组件到画布上，在右侧导航栏的面板设置图片，在交互选项卡中完成交互动作配置，如图 4.48 和图 4.49 所示。

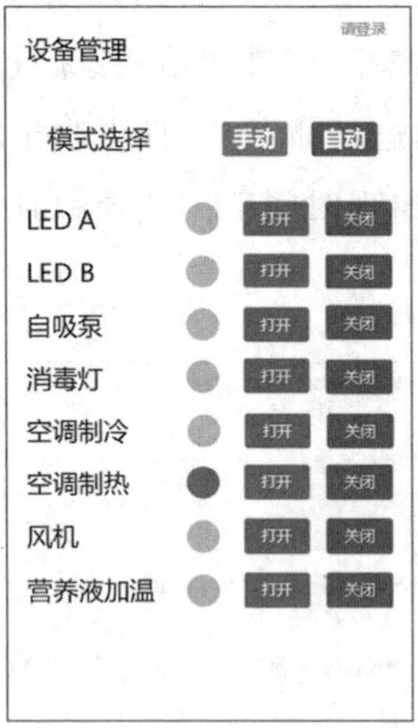

图 4.46　模式设置界面

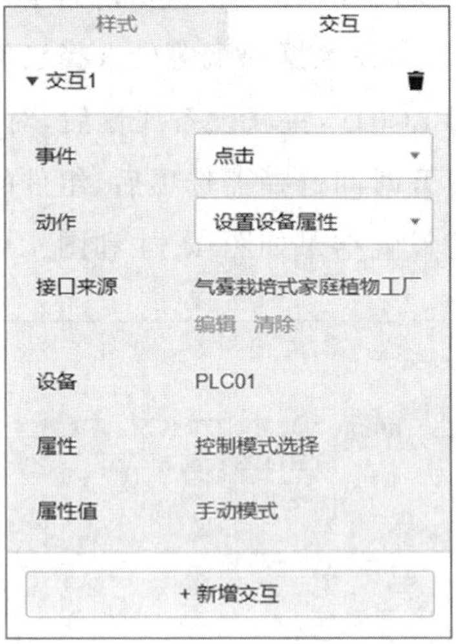

图 4.47　交互动作配置界面

图 4.48　导航按钮配置界面

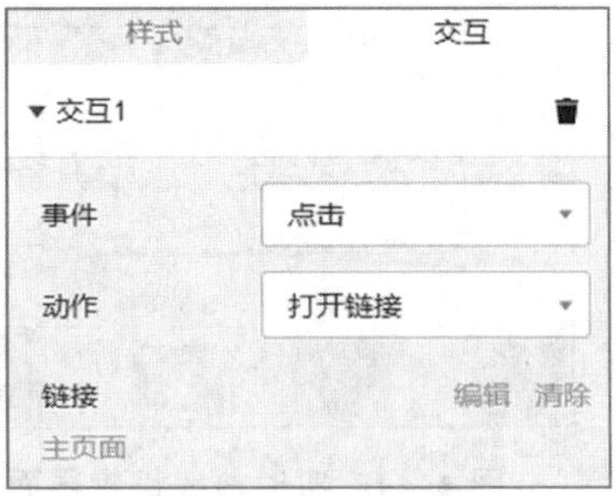

图 4.49　导航按钮交互界面

6. 视频监控

利用平台提供的 iframe 组件实现视频监控功能(图 4.50),在 Web 应用编辑器中,单击最左侧的组件图标组件 iframe,将组件拖拽到画布合适位置。在右侧样式中,单击关联链接对应配置。

在配置链接面板中,配置组件展示内容要关联的 URL 地址“http://hls01open. ys7. com/openlive/a8a083ca93b84d6495662bc2fa0fbd4c. hd. m3u8”。URL 地址从萤石云开发者平台中获取。

7. 应用设置

单击应用鉴权选项卡，选择“账号”鉴权方式，并单击配置登录页面按钮进行配置，如图 4.51 所示。在域名管理选项卡中，添加域名“http://www.zhnz.club”，并依次进行 CNAME 解析，将域名指向“a120bj3erhdtewcf.vapp.cloudhost.link”，等待域名生效即可。

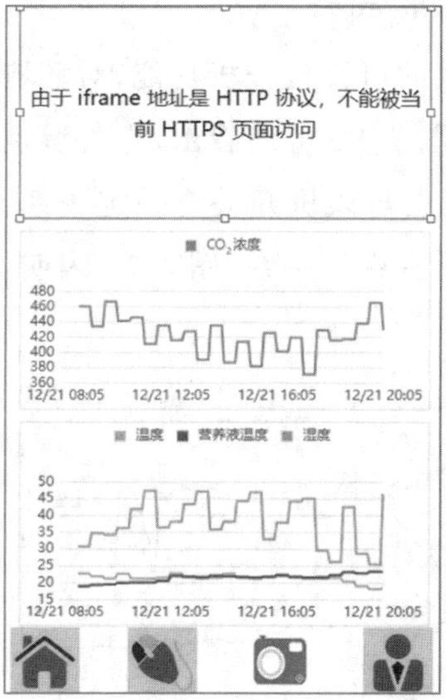

图 4.50 视频监控功能实现

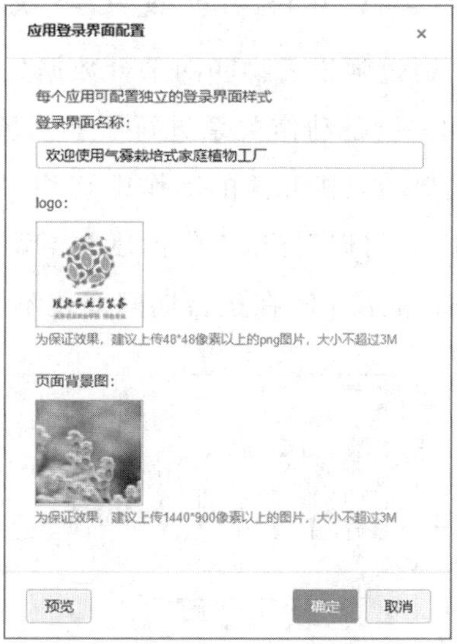

图 4.51 登录页面配置界面

第四节 功能与种植试验

一、功能试验

（一）设备总体功能试验

设备搭建完毕后，针对设计功能进行功能试验，样品紧固件应连接牢固，功能开关、按钮安装正确，操作可靠；通过触摸屏和手机 Web 应用远程监测室内温度、CO_2 浓度、室外湿度及营养液温度、EC 值、pH 等营养液因子及自吸泵、

LED灯等各设备状态；通过触摸屏和手机应用对LED灯、自吸泵、紫外线消毒灯、空调制冷、空调制热、风机、营养液加热等执行设备进行操控；通过触摸屏上灯板升降功能对灯板进行升降操作；通过触摸屏可以对各设备的动作区间进行设置，并可以进行传感器的校正；在自动控制条件下，系统可以根据预先设计的控制策略和采集各因子的变化情况将因子控制在目标区间内。

（二）环境因子变化与设备动作关系试验

通过阿里云物联网平台数据分析模块提供的可视化分析功能，对环境因子与相关设备动作关系进行了初步验证。通过图4.52可以看出，空气湿度的变化趋势与风机开关的动作密切相关，空气温度也与风机开关有一定关系；通过图4.53可以看出，空气温度与空调加热开关具有密切关系；图4.54表明，营养液EC值及pH在运行期间变化不大。

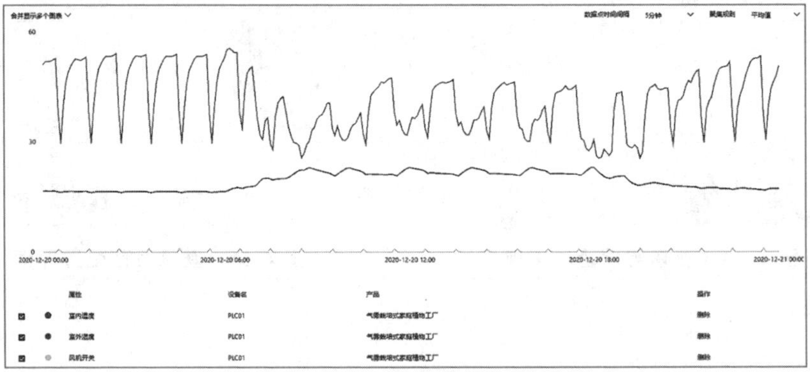

图4.52　空气温湿度与风机开关

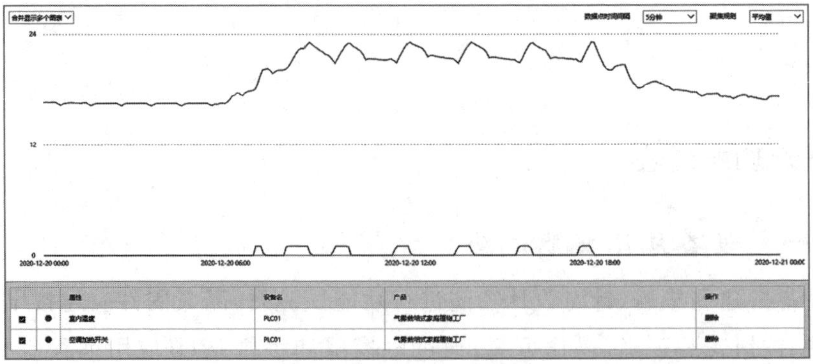

图4.53　空气温度与空调加热开关

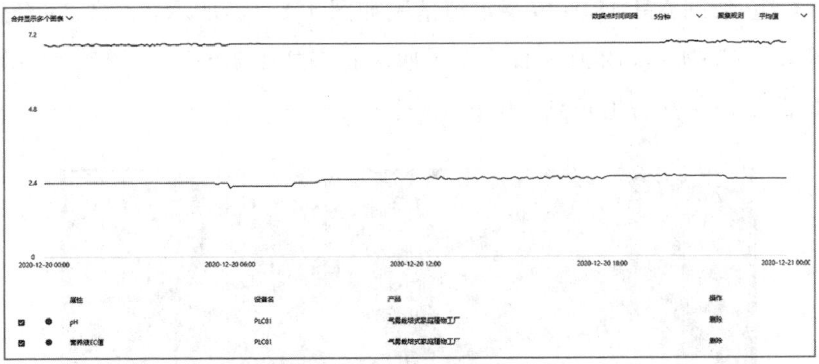

图 4.54 营养液 EC 值及 pH

（三）设备温度场试验

使用红外热成像仪获得设备红外热成像图，如图 4.55 所示。由图可以看出，上下两个栽培区中作物生长的区间内，温度基本保持一致且较为均匀，因此在下面的栽培区中布置一组温度传感器用以指示两个栽培区的方案是可行的。

图 4.55 设备红外热成像图

二、种植试验

从 2020 年 11 月 18 日至 2020 年 12 月 20 日，在家庭植物工厂内分别针对生菜和矮化番茄两种作物开展种植试验。

(1) 生菜。11 月 18 日生菜定植情况如图 4.56(a)所示,11 月 23 日生菜长势如图 4.56(b)所示,12 月 8 日生菜采收时状态如图 4.56(c)、图 4.56(d)所示。生菜质量从 40 g 左右生长到 240 g 左右。

(a) 11 月 18 日生菜定植情况

(b) 11 月 23 日生菜长势

(c) 12 月 8 日生菜采收时状态 1

图 4.56

(d) 12 月 8 日生菜采收时状态 2

续图 4.56　生菜长势图

(2) 矮化番茄。11 月 18 日番茄定植情况如图 4.57(a)所示，12 月 20 日番茄生长状态如图 4.57(b)所示。番茄高度从 8 cm 左右生长到 22 cm 左右，有 1/3 植株已挂果。

(a) 11 月 18 日番茄定植情况

(b) 12 月 20 日番茄生长状态

图 4.57　矮化番茄长势图

参 考 文 献

[1] 艾海波. 基于嵌入式平台的微型植物工厂控制系统研究[D]. 太原:太原理工大学,2014.

[2] 安志信,鞠佩华,郭富常,等. 温室发展进程初释[J]. 农业工程学报,1990(2):22-25.

[3] 北京年鉴编辑部. 北京统计年鉴(2010)[M]. 北京:中国统计出版社,2011.

[4] 毕玉革,麻硕士,崔红梅,等. 北方干寒地区日光温室 CO_2 预测模型建立与冬季试验[J]. 农业机械学报,2010(12):183-189.

[5] 曹才开. 电工电子技术[M]. 北京:清华大学出版社,2007.

[6] 陈青云,汪政富. 节能型日光温室热环境的动态模拟[J]. 中国农业大学学报,1996(1):67-72.

[7] 程峥. 基于嵌入式和设备云平台的家庭植物工厂系统设计[D]. 天津:天津工业大学,2019.

[8] 崔佳维,陈智杰,郑胤建,等. 人工光利用型植物工厂核心技术研究进展[J]. 农业工程技术,2017,37(28):46-53.

[9] 戴剑锋,罗卫红,李永秀,等. 基于小气候模型的温室能耗预测系统研究[J]. 中国农业科学,2006(11):2313-2318.

[10] 戴剑锋,罗卫红,乔晓军,等. 基于模型的温室加温控制目标优化系统研究[J]. 农业工程学报,2006(11):187-191.

[11] 丁元杰. 单片微机原理及应用[M]. 北京:机械工业出版社,2003.

[12] 董仁涛. 日光温室 CO_2 浓度预测模型[D]. 北京:中国农业大学,2005.

[13] 杜尚丰,李迎霞. 中国温室环境控制硬件系统研究进展[J]. 农业工程学报,2004,20(1):7-12.

[14] 范建. 国内首例家庭版植物工厂在京诞生[N]. 科技日报,2010-12-08(012).

[15] 方慧,杨其长,魏灵玲,等. 水耕栽培营养液循环控制系统的设计与控制性能分析[J]. 农机化研究,2009,31(3):80-82.

[16] 龚仁喜,江波,叶丽,等. 基于51单片机的智能仪表与组态王的通讯[J]. 仪器仪表学报,2008,29(4):384-387.

[17] 顾小小,阙宁磊,朱春燕. 家庭植物工厂技术应用现状、存在问题及对策[J]. 农业工程技术,2016,36(34):36-39.

[18] 郭慧卿,李振海,张振武,等. 日光温室温度环境动态模拟 Ⅰ.数学模型的建立与程序验证[J]. 沈阳农业大学学报,1994(4):438-443.

[19] 郭敬华,董灵迪,焦永刚,等. 低硝酸盐叶菜水培营养液配方优选[J]. 农学学报,2017,7(5):28-32.

[20] 海力怕木. 农业无土栽培中营养液循环控制系统研究应用[J]. 北京农业,2012(12):89-90.

[21] 韩丹,刘华,卫勇,等. 家庭式微植物工厂监控系统设计[J]. 农业工程,2017,7(4):36-40+53.

[22] 韩丽丽,程峥,牛萍娟,等. LED家庭植物工厂控制系统设计[J]. 照明工程学报,2019,30(2):71-80.

[23] 韩效钊,梁玉龙,徐超,等. 温室 CO_2 供需模型研究[J]. 农业系统科学与综合研究,2006(2):150-153+156.

[24] 贺超兴,齐维强,张志斌. 基于积温的温室番茄果实发育规律研究[C]//北京农业工程学会. 国际农业论谈:2005北京都市农业工程科技创新与发展国际研讨会论文集. 北京:中国水利水电出版社,2005:7.

[25] 荆珂,张孟杰,李芳,等. 温室控制系统的现状及其发展[J]. 农机化研究,2008(5):213-215.

[26] 李灿,吴朝江,李广彬,等. 水培营养液配方对不同叶菜产量和品质的影响[J]. 长江蔬菜,2019(6):62-66.

[27] 李东星,李迎忠,许明,等. JPWZ-1型微型植物工厂栽培试验的研究[J]. 中国蔬菜,2012(18):67-73.

[28] 李小芳. 日光温室的热环境数学模拟及其结构优化[D]. 北京:中国农业大学,2005.

[29] 李元哲,吴德让,于竹. 日光温室微气候的模拟与实验研究[J]. 农业工程

学报,1994(1):130-136.
[30] 郦伟,董仁杰,汤楚宙,等. 日光温室的热环境理论模型[J]. 农业工程学报,1997(2):166-169.
[31] 刘佳. 无土栽培营养液循环控制系统研究[D]. 长春:吉林大学,2008.
[32] 刘彤,贺宏伟,李尧,等. 基于Android平台的家庭植物工厂智能监控系统[J]. 农机化研究,2015,37(4):197-202.
[33] 刘文科,杨其长. 植物工厂LED照明应用的几点思考[J]. 照明工程学报,2015,26(4):98-102.
[34] 刘向辉. 无土栽培循环营养液紫外线灭菌技术的研究[D]. 北京:中国农业大学,2005.
[35] 龙庆华. 智能温室计算机自动监控系统[J]. 华南师范大学学报,2002(1):5-8.
[36] 罗孟德,贾鹤鸣,赵文科,等. 微型植物工厂营养液循环控制系统设计[J]. 科技创新与生产力,2017(5):70-74.
[37] 马承伟,赵淑梅,程杰宇,等. 日光温室光辐射环境模型构建研究[J]. 沈阳农业大学学报,2013(5):513-517.
[38] 马春生,张静,王双喜. 日光温室地温模型及数值模拟[J]. 山西农业大学学报(自然科学版),2004(1):82-84+92.
[39] 马万征,但琼鹏,马万敏,等. 温室营养液循环利用装置及消毒效果研究[J]. 东北农业科学,2019,44(1):52-56.
[40] 孟力力,杨其长,Gerard. P. A. Bot,等. 日光温室热环境模拟模型的构建[J]. 农业工程学报,2009(1):164-170.
[41] 齐飞. 我国温室及配套设备产业现状及发展趋势[J]. 上海农业学报,2005,21(1):53-57.
[42] 齐维强,贺超兴,张志斌,等. 温室番茄繁殖器官消长动态与有效积温的关系研究[J]. 陕西农业科学,2004(2):20-22.
[43] 邱志平. TiO_2 光催化去除营养液中自毒物质的效果研究[D]. 北京:中国农业科学院,2013.
[44] 任延昭. 模块化多因素关联控制智能温室设计研究[D]. 北京:中国农业大学,2018.

[45] 宋卫堂,孙广明,刘芬,等. 臭氧杀灭循环营养液中三种土传病原菌的试验[J]. 农业工程学报,2007(6):189-193.

[46] 宋卫堂,王成,侯文龙. 紫外线-臭氧组合式营养液消毒机的设计及灭菌性能试验[J]. 农业工程学报,2011,27(2):360-365.

[47] 宋志伟,张宝生. 植物生产与环境[M]. 北京:高等教育出版社,2006.

[48] 孙刚,郑文刚,乔晓军,等. 一种密闭式微型植物工厂[P]. 北京:CN202095336U,2012-01-04.

[49] 汪小旵,丁为民,罗卫红,等. 南方现代化温室能耗预测模型的建立与分析[J]. 南京农业大学学报,2006(1):116-120.

[50] 王君,杨其长,魏灵玲,等. 人工光植物工厂风机和空调协同降温节能效果[J]. 农业工程学报,2013,29(3):177-183.

[51] 王伟琳,何芬,丁小明,等. 营养液循环灌溉紫外线消毒机设计研究[J]. 农机化研究,2018,40(9):69-73+80.

[52] 王新坤,李红. 我国温室的研究现状与发展趋势[J]. 排灌机械工程学报,2010,28(2):179-184.

[53] 王玉军,张本华. 温室技术的现状及发展趋势[J]. 农机化研究,2008(1):249-251.

[54] 魏灵玲,杨其长,段发民,等. 一种微型蔬菜工 厂:CN101940154A[P]. 2011-01-12.

[55] 谢秋菊,苏中滨,Ji-Qin Ni,等. 密闭式猪舍多环境因子调控系统设计及调控策略[J]. 农业工程学报,2017,33(6):163-170.

[56] 谢祝捷,陈春宏,赵京音. 自控温室黄瓜生长发育动态及基于有效积温的发育模型研究[J]. 上海农业学报,2007(2):46-49.

[57] 徐立鸿,苏远平,梁毓明. 面向控制的温室系统小气候环境模型要求与现状[J]. 农业工程学报,2013(19):1-15.

[58] 许善祥. 基于生长模型的温室番茄栽培管理专家系统研究[D]. 杭州:浙江大学,2003.

[59] 薛晓莉,杨文华,张天柱. 营养液微纳米气泡增氧消毒技术[J]. 农业工程技术,2017,37(1):46-50.

[60] 杨其长,魏灵玲,刘文科,等. 植物工厂系统与实践 [M]. 北京:化学工业

出版社,2015.
[61] 杨秋珍,李军. 自控温室黄瓜茎蔓、叶片生长与有效积温关系的研究[J]. 生态农业研究,2000(4):6-8.
[62] 于秀针,姜鲁艳,马艳,等. 不同配方营养液对京水菜和生菜生长及产量品质的影响[J]. 农业工程技术,2017,37(28):70-72.
[63] 袁玲珑. 温室环境因子监控系统的研究[D]. 武汉:华中农业大学,2005.
[64] 张剑锋. 节能型日光温室环境因子的物理模型及其评价[D]. 南京:南京农业大学,2003.
[65] 张倩倩. 气雾栽培式家庭植物工厂的设计及喷雾频率的优化研究[D]. 杭州:浙江大学,2017.
[66] 张晓文. 设施农业的发展现状与展望[J]. 农机推广与安全,2006(11):6-8.
[67] 张英,穆楠,张雪清. 国外设施农业的发展现状与趋势[J]. 农业与技术,2008(2):123-125.
[68] 朱伟兴,毛罕平,李萍萍,等. 智能温室群集散控制系统设计研究[J]. 农业工程学报,1999,15(4):163-166.
[69] 邹秋滢. 温室小气候模型的建立及其控制策略研究[D]. 沈阳:沈阳农业大学,2010.
[70] Albright L D,Gates R S,Arvanities K G,et al. Environmental control for plants on earth and in space[J]. IEEE Control System Magazine,2001,21(5):28-47.
[71] Berge H,Ittersum M,Rossing W,et al. Farming options for the netherlands explored by multi-objective modelling[J]. Eur J Agron,2000,13(2):263-277.
[72] Boaventura J L. Post-occupational exposure HIV infection in health workers:an update and preventive measures[J]. Acta Médica Portuguesa,1997,10(6-7):469-478.
[73] Bot G P A. Greenhouse climate:from physical processes to a dynamic model[D]. Wageningen:Wageningen Agricultural University,1983.
[74] De Zwart H F. Analyzing energy-saving options in greenhouse cultiva-

tion using a simulation model[D]. Wageningen: Wageningen Agricultural University, 1996.

[75] Ferreira P M, Ruano A E. Discrete model-based greenhouse environmental control using the branch and bound algorithm[C]// The International Federation of Automatic Control Seoul, Korea, 2008.

[76] GijZen H, Heuvelink E, Challa H, et al. HORITISIM: a model for greenhouse crops and greenhouse climate[J]. Acta Horticulturae, 1998, 456: 441-450.

[77] Henten E. Greenhouse climate management: an optimal control approach [D]. Wageningen: Wageningen Agricultural University, 1994.

[78] Heuvelink E. Tomato growth and yield quantitative analysis and synthesis[D]. Wageningen: Wageningen Agricultural University, 1996.

[79] Jones J W, Dayan E, Allen L H, et al. A dynamic tomato growth and yield model (TOMGRO) [J]. Transactions of ASAE, 1991, 34 (2): 663-672.

[80] Jones J W, Kenig A, Vallejos C E. Reduced state-variable tomato growth model[J]. Transactions of the ASAE, 1999, 42(1): 255-265.

[81] Lópezl J C, Baille A. Predicting the energy consumption of heated plastic greenhouses in south-eastern spain[J]. Spanish Journal of Agricultural Research, 2006, 4(4): 289-296.

[82] Marsh L S, Albright L D. Economically optimum day temperatures for greenhouse hydroponic lettuce production part I: a computer model[J]. Transactions of the ASAE, 1991, 34(2): 550-556.

[83] Martin J, Oldřich N, Daniel H, et al. Growth and stress response in Arabidopsis thaliana, Nicotiana benthamiana, Glycine max, Solanum tuberosum and Brassica napus cultivated under polychromatic LEDs[J]. Plant Method, 2015(11): 31.

[84] Masumoto Takao, Yuan Xin, Yoshida Takeo, et al. Status quo and perspectives in integrated management of water resource facilities for agricultural water use in the Upper Tone River Basin. Tech Rep Natl Inst

Rural Eng,2006,204:115-128.

[85] O. Korner,Challa H,and Ooteghem R V. Chapter 2. 1:modelling temperature effects on crop photosynthesis. In:Crop based climateregimes for energy saving in greenhouse cultivation,pp. 29-36,Ph. D. Thesis, Wageningen University,Wageningen,The Netherlands.

[86] Press W H,Flannery B P,Teukolsky S A,et al. Numerical recipes. Cambridge University Press,Cambridge,United Kingdom,2nd edition, 1986:291.

[87] Qador M,Boers T M,Schubert S,et al. Agricultural water management in waterstarved countries: challengesand opportunities. Agric Water Manage,2003,62(3):165-185.

[88] Seginer I,McClendon W R. Methods for optimal control of the greenhouse environment [J]. Transactions of The ASAE, 1992, 35 (4): 1299-1307.

[89] Tap F. Economics-based optimal control of greenhouse tomato crop production [D]. Wageningen:Wageningen Agricultural University,2000.

[90] Van Ooteghem. Optimal control design for a solar greenhouse[D]. Wageningen:Wageningen Agricultural University,2007.

[91] Verhoeff K,Mollema C,Rabbinge R. Agricultural science in the Netherlands [M]// Loebenstein G, Thottappilly G. Agricultural Research Management. Dordrecht:Springer Netherlands,2007:331-355.